中国科普大奖图书典藏书系

趣味物理学

沈宁华◎著

长江出版传媒 | 湖北科学技术出版社

图书在版编目（CIP）数据

趣味物理学 / 沈宁华著. —武汉 ：湖北科学技术出版社，2012.10（2017.1重印）
（中国科普大奖图书典藏书系 / 叶永烈 刘嘉麒主编）
ISBN 978-7-5352-5403-0

Ⅰ. ①趣… Ⅱ. ①沈… Ⅲ. ①物理学－普及读物
Ⅳ. ①04-49

中国版本图书馆CIP数据核字（2012）第307332号

责任编辑：谢俊波　　封面设计：戴 旻

出版发行：湖北科学技术出版社　　电话：027-87679468
地　　址：武汉市雄楚大街268号　　邮编：430070
（湖北出版文化城B座13-14层）
网　　址：http: //www.hbstp.com.cn

印　　刷：武汉立信邦和彩色印刷有限公司　　邮编：430026

700×1000　1/16　　11.25印张　2插页　137千字
2012年10月第1版　　2017年1月第5次印刷
定价：20.00元

总 序

ZONGXU

我热烈祝贺“中国科普大奖图书典藏书系”的出版！“空谈误国，实干兴邦。”习近平同志在参观《复兴之路》展览时讲得多么深刻！本书系的出版，正是科普工作实干的具体体现。

科普工作是一项功在当代、利在千秋的重要事业。1953年，毛泽东同志视察中国科学院紫金山天文台时说：“我们要多向群众介绍科学知识。”1988年，邓小平同志提出“科学技术是第一生产力”，而科学技术研究和科学技术普及是科学技术发展的双翼。1995年，江泽民同志提出在全国实施科教兴国的战略，而科普工作是科教兴国战略的一个重要组成部分。2003年，胡锦涛同志提出的科学发展观则既是科普工作的指导方针，又是科普工作的重要宣传内容；不是科学的发展，实质上就谈不上真正的可持续发展。

科普创作肩负着传播知识、激发兴趣、启迪智慧的重要责任。“科学求真，人文求善”，同时求美，优秀的科普作品不仅能带给人们真、善、美的阅读体验，还能引人深思，激发人们的求知欲、好奇心与创造力，从而提高个人乃至全民的科学文化素质。国民素质是第一国力。教育的宗旨，科普的目的，就是为了提高国民素质。只有全民的综合素质提高了，中国才有可能屹立于世界民族之林，才有可能实现习近平同志最近提出的中华民族的伟大复兴这个中国梦！

新中国成立以来，我国的科普事业经历了1949—1965年的创立与发展阶段；1966—1976年的中断与恢复阶段；1977—

1990 年的恢复与发展阶段；1990—1999 年的繁荣与进步阶段；2000 年至今的创新发展阶段。60 多年过去了，我国的科技水平已达到“可上九天揽月，可下五洋捉鳖”的地步，而伴随着我国社会主义事业日新月异的发展，我国的科普工作也早已是一派蒸蒸日上、欣欣向荣的景象，结出了累累硕果。同时，展望明天，科普工作如同科技工作，任务更加伟大、艰巨，前景更加辉煌、喜人。

“中国科普大奖图书典藏书系”正是在这 60 多年间，我国高水平原创科普作品的一次集中展示，书系中一部部不同时期、不同作者、不同题材、不同风格的优秀科普作品生动地反映出新中国成立以来中国科普创作走过的光辉历程。为了保证书系的高品位和高质量，编委会制定了严格的选编标准和原则：一、获得图书大奖的科普作品、科学文艺作品（包括科幻小说、科学小品、科学童话、科学诗歌、科学传记等）；二、曾经产生很大影响、入选中小学教材的科普作家的作品；三、弘扬科学精神、普及科学知识、传播科学方法，时代精神与人文精神俱佳的优秀科普作品；四、每个作家只选编一部代表作。

在长长的书名和作者名单中，我看到了许多耳熟能详的名字，备感亲切。作者中有许多我国科技界、文化界、教育界的老前辈，其中有些已经过世；也有许多一直为科普事业辛勤耕耘的我的同事或同行；更有许多近年来在科普作品创作中取得突出成绩的后起之秀。在此，向他们致以崇高的敬意！

科普事业需要传承，需要发展，更需要开拓、创新！当今世界的科学技术在飞速发展、日新月异，人们的生活习惯和工作节奏也随着科学技术的进步在迅速变化。新的形势要求科普创作跟上时代的脚步，不断更新、创新。这就需要有更多的有志之士加入到科普创作的队伍中来，只有新的科普创作者不断涌现，新的优秀科普作品层出不穷，我国的科普事业才能继往开来，不断焕发出新的生命力，不断为推动科技发展、为提高国民素质做出更好、更多、更新的贡献。

"中国科普大奖图书典藏书系"承载着新中国成立60多年来科普创作的历史——历史是辉煌的，今天是美好的！未来是更加辉煌、更加美好的。我深信，我国社会各界有志之士一定会共同努力，把我国的科普事业推向新的高度，为全面建成小康社会和实现中华民族的伟大复兴做出我们应有的贡献！"会当凌绝顶，一览众山小"！

中国科学院院士 杨叔子 二〇一二 九、廿八
华中科技大学教授

目 录

力 学

气体、液体

热　　学

声学、波动

光　学

电磁学

近代物理

力　学

古代人的座右铭

我国古代学者孔子和他的学生一次去瞻仰鲁桓公宗庙。鲁国保存西周文物最多，因为是有名的周公姬旦的封国。孔子发现庙里陈列着一个不认识的半躺的奇形怪状的欹(qī)器(倾斜的容器)，不明白用途，就向守庙人询问，守庙人告诉孔子这是君王用来防止骄傲的座右铭。孔夫子到底学问渊博，尽管他没见过欹器，可是听说过，而且知道它的作用和意义。

孔子让他的学生舀来一瓢清水灌到壶里。原来，欹器适量灌水能正过来，灌满了水却倒扣过去，水倒空了又恢复倾斜。果然是这样。以后孔子就常用这件事来教育他的弟子，"骄傲的人没有不摔跤的"。

欹器的构造和原理到底是怎样的?

很可惜，不仅当时的欹器实物没有流传下来，而且连它的具体构造古书上也没有记载。由于这种装置相当吸引人，因此历代都有不少学者去考证它、复制它。1921 年，考古学家们在河南省渑(miǎn)池县仰韶村发现了我国新石器时代的一种文化(前 5000—前 3000 年)，就叫"仰韶文化"。考古学家们发现，仰韶人特别喜欢使用一种挺好玩的尖底陶瓶来打水。这种陶瓶的半腰有双耳，可以穿进绳索。由于瓶子的重心在双耳略上一点，因此用绳子挂起来，瓶体是倾斜的。这样，将它缒到河里去，由于受到浮力作用便能自己斜过来让水进去，而用普通的水桶打水则需要摆动它。这种陶瓶打起水来很方便。而陶瓶灌水六七成满后，它的重心降到双耳以下，使它能自己扶正，往上提时水不会倾洒出来。水盛得过满，重心就升到比空瓶的重心更高的位置。提出水面时，由于倾斜会把水倒出一部分。这种尖底瓶已具备了欹器的条件。后来可能就从它发展成起座右铭作用的欹器。所用的材料也不限于陶土，还有用青铜铸的。青铜铸的欹器就更精美了。

下面介绍一种木制水壶也能满足孔子的叙述：壶是木头制成的，支面很小，空的时候重心偏向一边，重心的竖直线落在支面外面，所以空水壶站不住。装进一半水以后，重心向中间移动，竖直线通过支持面。装满水以后，由于同体积的水比木头要重，整个壶的重心又移向另一边，跑出了支持面，于是水壶又重新跌倒，不过是倒在了另一边。

平衡是一个十分有趣的问题，静力学主要研究的问题就是平衡。判断一个站立的物体倒还是不倒的方法，是从物体的重心那里画一条竖直线，看它是不是通过支持面。形状不变的物体重心的位置是固定的，但是这种奇怪的水壶由于水位的变化重心像一个“精灵”会跑来跑去，变得十分有趣。

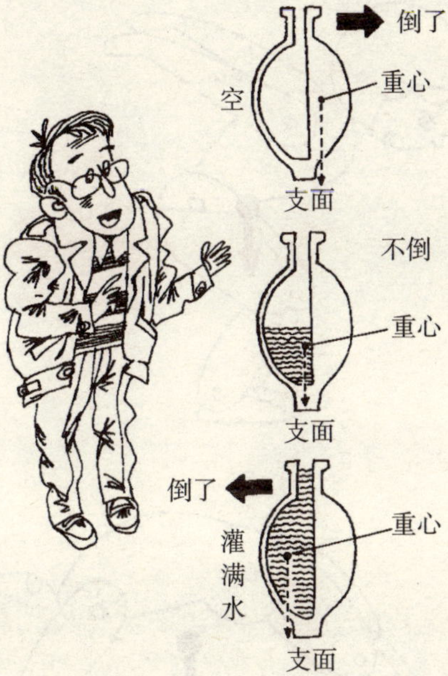

“不安分”的重心

有的人活了一辈子也不知道身体的重心在哪里。只要能站稳走好，管它重心在哪里。

但是在体育运动中，了解自己的重心、控制重心就是一件十分重要的事。优秀的运动员和普通人的一个重要区别就是他能更好地控制自己的重心。

人的重心到底在哪里，这个问题不是一下子能解决的。因为重心很

“不安分”，随时随地都在变换着它的位置。站立的时候，重心在你的腰部，但是当你举一下胳膊或抬一下腿的时候重心就变了。向前或向后弯腰时，重心还会跑到身体的外面。所以，重心的“不安分”是来自你本身。

用实验的方法可以方便地了解身体重心的变化，你可以用硬纸片做一个人体模型（如图），这个人体模型是由头、上身、下身和四肢组成的，人体

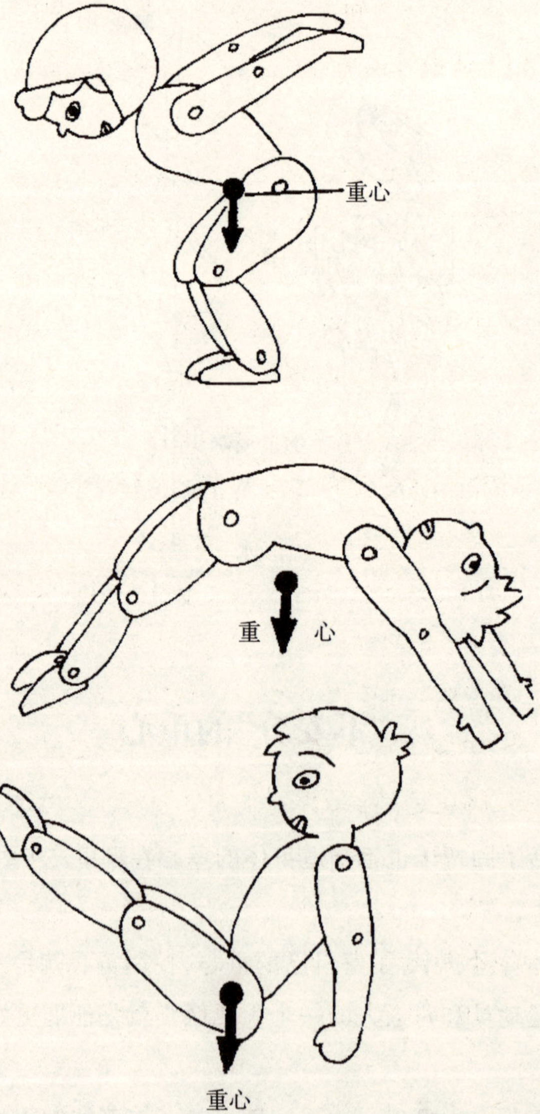

模型的各个关节可以用按扣连接，能够转动做出不同的姿势。体育教练也常用类似的方法来研究人体的重心。

测量物体的重心的方法很简单：用绳把模型吊起来，顺着绳子的方位向下画一条线；然后再换一个地方吊起，再画一条线，两条线的交点就是模型的重心。如果画的两根线在模型上不相交，就要延长，交点会在模型的外面。这时重心就在体外。知道了这种方法，你就可测出人体的各种姿势的重心位置。用人体模型模仿运动员做后桥的动作，你会发现，运动员的重心竟在体外。

当然，这个实验是非常不精确的，因为人体是不均匀的，例如，大腿的重心和纸板做的相差很远，这里只是一个初步的了解。真正的运动生理学研究方法要复杂得多。用计算机来采集、分析运动员的动作、重心位置以及身体各部分的相互配合等问题已经成为各国分析诊断运动员的常规方法。例如，用高速录像机拍下投掷物出手后几秒钟内的运动轨迹和状态，就可以精确地研究运动员的动作。计算机能计算出最佳的数据，并能与实际情况比较，及时改进运动员投掷时的姿态、出手动作，进而提高成绩。

在铁饼运动场上，奥运会金牌得主、美国的艾尔·奥特，曾在1956年、1960年、1964年、1968年连续获得奥运会金牌，而且每次都刷新纪录，被称为运动场上的“常青树”。他利用电脑诊断系统研究自己的投掷动作，原来以为自己的技术动作相当完美，但是竟发现自己投掷臂与身体所成的夹角不合适，还发现双脚正是最需要蹬紧地面之时自己竟然跳离了地面。靠电脑的帮助，他找到了肉眼无法察觉的两个错误，正是这种错误导致失掉了一部分本应传到铁饼上的力，造成投掷力量不足。后来他通过电脑“教练”的纠偏，投掷成绩不断刷新，后以70.86米的成绩刷新世界纪录。如靠人自己来纠正，起码要10年时间。

刷新跳高纪录的秘密

在田径运动中，跳高的成绩是提高得很快的。1860年，英国运动员伯顿创造的第一个男子跳高世界纪录仅是1.70米，而现在的世界纪录已经超过2.40米，是原来的1.4倍多。

是不是人类的弹跳力在不断提高？为什么许多小朋友感到跳高那么难？人类到底能跳多高？

美国科学家在哥伦比亚大学做了一次试验，他们请了270名男学生做立定跳高测验，结果有点意外。他们发现人的弹跳力基本上相同。一次立定弹跳只能使他们的重心升高0.51米左右。即使最优秀的运动员也只能使自己的重心比一般人多升高0.2米左右，也就是0.7米左右。因此，人的弹跳力是相差不多的。看来弹跳力不是跳得高低的决定因素。

从跳高运动史看，100年内，跳高的姿势发生了五次变革，跨越式、剪式、滚式、俯卧式、背越式五种。每改革一次姿势，跳高的世界纪录就提高一大截。1.70米的第一个世界纪录是用跨越式创造的。第二届奥运会上，巴克斯捷尔越过1.90米的横杆，用的是剪式。1912年美国运动员霍林用滚式创造了2.01米的好成绩。29年以后美国运动员用俯卧式以2.11米的成绩创造了新的世界纪录。现代新的姿势是背越式，背越式出现以后，跳高的成绩就扶摇直上。1984年，我国运动员朱建华创造的世界纪录是2.30米。跳高的世界纪录还在不断地被刷新。

看来，跳高姿势的变化才是不断刷新跳高成绩的关键，但是姿势的变化中包含着什么物理原理呢？

只有懂得了重心的人才能发掘其中的奥秘。

让我们看一看采用各种姿势跳高的图解，就会发现：采用不同姿势过杆的运动员，在越过横杆的时候，他们的重心到横杆的距离不一样。跨越式过杆的时候，人体的重心必须在横杆上面几十厘米，即使是优秀的运动员也得有 0.3 米左右。

下面让我们做一个简单的计算，假如运动员的身高是 1.83 米，他直立的时候，重心距地面 1.09 米，立定跳高可以达到 0.7 米，如果用跨越式过杆，重心在横杆上 0.3 米。这样他跃过横杆的高度大约是 1.09+0.7−0.3=1.49（米）。所以要达到跨越式创造的世界纪录 1.70 米是很不容易的。

如果这个运动员换一个姿势，用俯卧式或背越式这两种姿势过杆的时候，重心十分接近横杆（如图），那么他的跳高成绩提高到 1.70 米是不太费力的，但是要越过 2 米以上还有困难。

让人体的重心擦着横杆越过去，是不是就达到了跳高成绩的极限了呢？

不是！因为背越式跳高是让重心从横杆的下面钻过去的。

这听来似乎有一点好笑，你可不要误会，我们不是说让运动员从杆下面钻过去，而是让他的重心从杆下面钻过去。上一节你用悬挂的方法确定人体模型的重心时，曾经发现运动员做后桥动作的时候重心在他的腰的下方。如果运动员用类似这样的动作过杆，重心不就从杆下钻过去了吗！

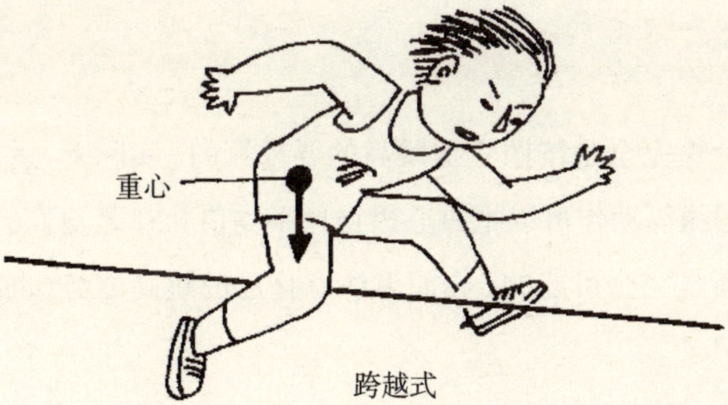

跨越式

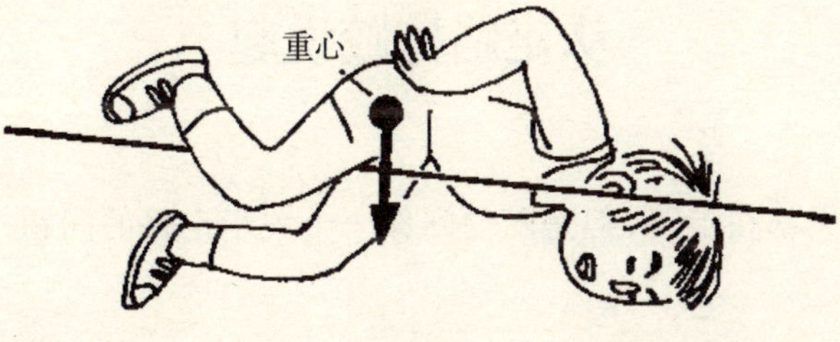

俯卧式

背越式跳高的原理就是这样。运动员起跳时，身体转动背对横杆，用力向上摆动腿和双臂以增加蹬地的力量，当人体腾空过杆的时候，运动员用伸直双腿的办法保持自己的重心较低，腰向后大幅度弯曲，头和双肩先越过横杆，再迅速收腿。这时候，双肩和背部的重量代替了起跳时的双腿，继续保持较低的人体重心。所以在运动员越过横杆的时候，始终保持重心在横杆下面。优秀的运动员可以使自己的重心在横杆下面0.2米左右。重新计算一下上面的数字，就是1.09+0.7+0.2=1.99（米），在弹跳力不变的情况下运动员的成绩轻易地就提高了半米多。

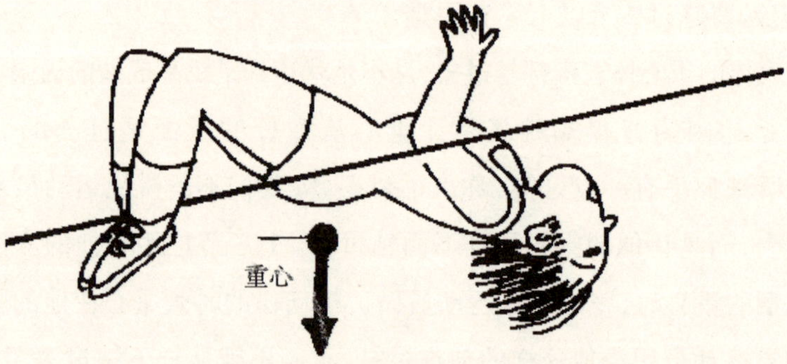

背越式

以上的计算完全是按照立定跳高的要求算的。实际上，运动员的助跑和起跳时的摆腿等动作可以把重心提得比平均值0.51米更高，所以世界纪录进一步刷新是完全可能的。你如果注意自己的跳高姿势，也能不断提高自己的跳高纪录。

从走路摔跤说起

我们每天都在走路，但是随便问你一个关于走路的问题，就有可能回答不出来。

几千年前人类就发明了轮子,以车代步。我们常常为名牌汽车的设计赞叹不已。但是目前还没有一辆步行的车子。看到一些正在研究的能步行的机器人小心翼翼行走的样子,你就会感到人类疾步如飞有多么不简单。

别莱利曼在他的《趣味物理学》中把步行归结为一连串向前倾倒的动作,只不过能够及时把原来留在后面的脚放到前面去支持罢了。

老前辈顾均正关于走路时人体的倾倒和物理上的摆进行了比较。他指出走路是一个倒摆,也就是支点在下面的摆。人体倾倒快慢的规律可以用摆的规律来探求。

用一根线绳系上一个螺丝母,就制成了一个摆。你会发现摆长越大,摆动得越慢,摆长越短摆动得越快。来回摆动一次的时间叫周期。周期和摆长不是成正比关系。物理学定律告诉我们,周期的平方和摆长成正比。

关于倒摆可以做一个顶竹竿的游戏。伸出一个手指让我们比较一下顶一支铅笔和顶一根两米长的竹竿的情形。你会发现顶铅笔比顶竹竿困难得多,只要一松手铅笔便失去平衡,而竹竿很容易保持平衡。

用倒摆可以很好地解释,竹竿有较长的摆长,倾倒得缓慢,所以一般人的反应能对付,可及时调整。如果竹竿的顶部顶有重物,重心升高了,反而觉得更容易保持平衡。

原来,摆长的计算有讲究:一个有一定质量和形状的物体的摆长计算十分复杂,倒摆的重心越高,相应的摆长越长,摆动周期越长,倾倒得越慢,因此就有更多的时间来进行调整。

顾均正先生在《替小孩辩护》一文中说:“小孩比大人容易摔跤。这个现象,大多数人都认为是小孩走路不小心所致。小孩还不善于掌握自己的重心,加之喜欢蹦蹦跳跳,因此容易摔跤,这也的确是事实。但是,小孩容易摔跤也不完全是小孩的过失,还有一些物理学上的原因,却很少有人想到。”

人走快了所以会摔跤,这是由于后脚来不及伸向前方支持重心,阻止身体的摔倒。大人个高,等于摆长大,摆动得慢,摔跤时倒下的速度会慢一点。小孩个矮,等于摆长小,摔跤时倒下的速度会快一些。大人倒下的速度慢，就有比较多的时间来把后脚伸向前方，把突出在基底外的重心支持起来。小孩倒下的速度快，情况正相反，即使在同样的处境下，摔跤的机会也要比大人多一点。这就说明了小孩比大人容易摔跤的确有它的客观原因，不完全是小孩的过失。

把人体作为一个摆来进行分析，在运动员训练中也有很大的意义。走路和跑步时手臂和腿部的运动都是一种摆动，其摆动频率和手臂及腿的长度有密切的关系，所以在训练中要认真考虑它们的影响。

杂技演员表演时，梯顶上的人最多的时候梯子重心位置最高，梯子倒得最慢，顶梯子的演员有足够的时间来调整梯子的基底位置。所以，这个看上去好像是最紧张的场面，实际上倒并非是最难表演的。

演员们上梯下梯，大家往往认为是杂技表演的开始和终了而不十分注意，其实却是最难表演的场面。这时，重心位置较低，摆长较短。

同样的分析可以用于走钢丝的表演。走钢丝的演员必须手持一根长金属杆帮助平衡。如果把这根金属杆当成一个摆来分析也能很好地解释为什么演员能较好地平衡。长金属杆的摆动周期较大，可以延缓时间，演员可以有充足的时间来调整自己的重心。

为什么扭伤了腰?

老王的腰扭伤了，躺在床上不能动，样子很痛苦。听说，那天早上他弯腰捡掉在地上的袜子，一起身，腰就痛得不能动了。医生说是腰部的韧带拉伤，要卧床休息。

老王是一个强壮的汉子，年轻时扛起 100 千克重的米包就走，如今是老了，但是也不至于被一只袜子扭伤了腰。

从杠杆原理出发，人弯腰能向上抬重物的结构是一个杠杆，但又是一个费力杠杆。空身弯一下腰再直起来，腰部肌肉所付出的拉力是你体重的两倍半，你相信吗？

为了说明这个问题，让我们做一个简单的实验：用一张厚纸板剪一个人体上半部的模型（如图）。弯腰的支点在腰的底部，用一根长毛衣针穿过这个支点。用几本书压住毛衣针让你的人体模型靠在桌边上，使它能够自由转动。按图中标明人体重心的地方穿一根白线，在白线的下面挂一个大螺丝帽或一个小锁作为人体上身的重量；从人体模型的背部的那个点画一条和水平线成30°的斜线，代表人体背部的肌肉，用一根橡皮筋来测量肌肉的拉力。为了使橡皮筋拉起模型的时候始终沿着这条斜线，可以用一个小纸套把它套在模型上。橡皮筋是一个“弹簧秤”，通过它的伸长测量力的大小。人体背部的肌肉是斜着拉起上身的，斜拉要比直拉费更多的力。为了比较，用同样的一根橡皮筋吊一下挂在模型下面的重物看看它的伸长，再用模型上的橡皮筋把模型拉起，再看看它的伸长。比较一下，你会发现斜拉起模型，橡皮筋会伸长很多。

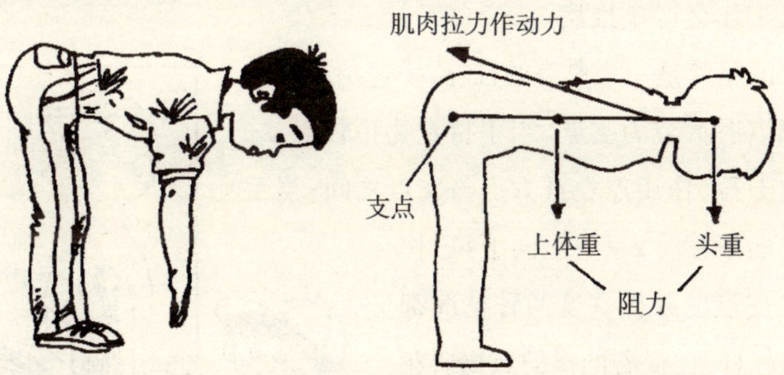

解剖学的分析如下：人体的头部和上肢的重量占体重的20%，躯干占体重的40%，一共是60%。所以弯一下腰背部肌肉拉力要抬起的是体重的60%，但是因为是斜拉起，肌肉的拉力比实际体重大得多，计算证明是整个体重的2.5倍。

假如你的体重是50千克，当你弯一下腰再直起来时肌肉所付出的拉力竟是125千克力。这相当于让这条肌肉直接提起5袋25千克一袋的白面，这是一个令人惊讶的力量。如果你前肢向前伸出，端起一个重物，肌肉的拉力还要加大更多。

在洗衣服或洗头的时候，不要把腰弯成90°，弯成90°时最费力，长时间这样弯着腰不动，即使不负重，也可能损坏腰肌。从有护栏的小床里抱起小孩，身体又不贴近护栏，此时背部肌肉承受的拉力很大，极易拉伤。

怎样才能保护腰部肌肉呢？在提起重物的时候，一定要使重物靠近自己的腿部，其目的是减少重物的力臂，这样会省许多力。平时要加强腰肌的锻炼，不要小看做体操的时候简单地弯一下腰，这就是一种很好的锻炼方法。

人体的骨骼和肌肉组成了各种不同的杠杆，杠杆的臂由骨骼承担，关节通常是杠杆的支点，而肌肉则提供使杠杆转动的力。

点一点头，头颅和颈椎就组成一个杠杆。头颅支在颈椎的顶端，这是杠杆的支点，可是头颅的重心却在支点的前方，在支点的前后，各有一组肌肉用力拉着这个杠杆。调节肌肉的拉力，就能使头前俯后仰。所以长期伏案低头工作会得颈椎病。

人的胳膊是一个典型的杠杆，手臂抬起来放下去都以肘关节为支点。当手持重物抬臂时，二头肌向上拉，作用点在重力点与支点之间；当手持重物向下放时，三头肌向上拉，作用点在支点的外侧。这两种情况都是费力杠杆，比提着同样的重物要花费更多的力气，但是却赢得速度，增大了手臂的活动范围。

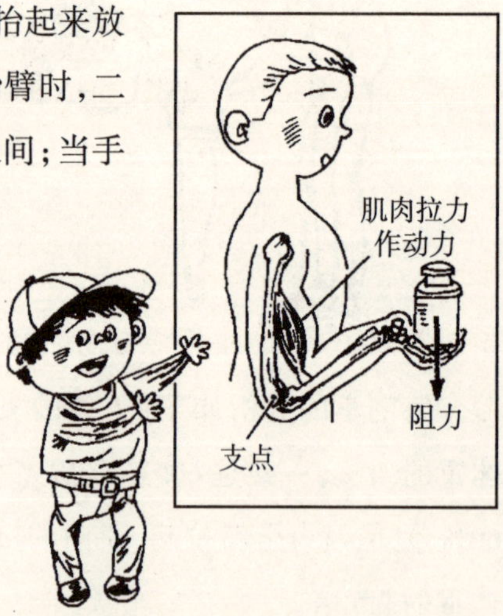

呼吸的时候，肺部的扩张和收缩也是由一组杠杆在控制着。踮一下脚尖，是脚掌上的杠杆在运动。在向上抬起脚跟时，整个脚以脚趾为支点，脚跟后的肌肉收缩，向上提拉。可以看出脚长的人省力。身材高大的人，体重重的人，脚一定相应的大。这样运动起来会省力。

有机会可以观察螃蟹、蝗虫、蜻蜓体内的杠杆。认识一下我们自己身体中的杠杆，不仅有趣，还能保护自己避免意外受伤。

腹上破石是功夫吗？

在司马南《伪气功揭秘》一书中叙述了一种骗人的伪气功——腹上破石："表演者仰面朝天，躺在地上，也有人横躺在两条长凳之间，腰背部不着凳子，腹上放一块大石头，通常是五六个、七八个小伙子抬上来的。然后，由一名助手挥起十八磅大锤猛力击打石块，大石头应声而切断，表演者从地上蹦起来，安然无恙。"

观众会被腹部的大石头所迷惑，实际上，正是这块石头保护了表演者。如果锤子直接敲在肚皮上，肚皮是受不了的，因为肚皮的损坏和速度有关。石头越重，打击后感受到的振动越小，这是由物理学中的碰撞理论决定的：物体运动起来有两个物理量应该同时考虑：一个是物体运动的速度，另一个是物体的质量。一个皮球向我们跑来，虽然速度很快，但是我们并不害怕它，反过来，一个满载的机车虽然慢慢地向我们溜来，我们仍然非常害怕，迅速躲避。我们知道这样重的车子是很难阻止它的运动的。物理上定义质量和速度的乘积为动量。设碰撞时锤子全部动量传递给石头变成石头的动量，由于石头的质量很大，所以石头获得的速度便很小。

假如石头的质量是锤子的1000倍，石头碰撞后获得的速度只是锤子的速度的千分之一。所以只要表演的人能承受得了，石头越重所受到的伤害便越小。

上面我们说到石头的运动速度，石头的断裂则和石头本身的性质有关。司马南通过调查指出：一般选择比较脆的石头，容易断裂，宽厚合适，宽大为好，厚度宜在10厘米左右，这种石头比较容易断裂。

刀砍不伤的诀窍

缝衣服的时候不小心，用针扎破了手指，你所受到的压强比某些高压锅炉里蒸汽的压强一点也不小；手轻轻拉动刮胡子的刀片，施加在胡子上的压强会达到每平方厘米几千牛顿。

压力和压强看上去类似，实际上相去很远。压强是单位面积上的压力，针尖的面积是钉子尖的面积的几百分之一，所以，能用针缝衣服，不能用钉子来缝衣服。

某些硬气功表演的"刀砍不伤"的道理就在于此。司马南仔细调查了"刀砍不伤"的表演过程，道出了其中的奥妙："表演开始，气功师一般都举起刀来，就地取材，在案板上剁断五根木筷，让被砍断的木筷飞溅一地；也有的气功师，猛然跃起，操刀砍下两根指头粗细的树枝，削萝卜、剁木头就更常见了。总之，在气功师把刀砍向自己的身体之前，都要搞一点'削铁如泥，吹毛立断'式的操演，让观众的心收紧，相信这把刀是锋利无比的真刀。接下来，气功师玩'真'的了。把上身的衣服脱光，露出一身的腱子肉，常年锻炼的结果，这些表演者多表现出一股雄悍的男人气。右手持刀，运气于左胸。胸大肌高高凸起绷紧。气功师挥起大刀，死命地朝左胸砍去，人们只听见'嗵嗵嗵'直响，可是气功师的胸上除了有点红印儿连一点伤痕也不见。等气功师表演完了，人们上前察看，更是惊讶不已。"

令人疑惑的是，大刀锋利到能砍断一捆竹筷，砍下一根树枝，为什么不会伤了皮肉？

原来大刀的刀尖处是锋利的，而其他部分则是钝的。挥刀砍下，接触气功师身体的那部分是钝的，面积增大，压强减小。再加上挥刀时有技巧，看似重砍，实为轻打。

趣谈人体中的拱和弹簧

当你奔跑时，跳跃时，骑车时，甚至走路时，都要经受各种各样的震动冲击。计算表明，从高处跳下时，腿部受到的冲击力，有时可以达到几吨重。

但是人体并没有因为这些冲击发生损坏。这要归功于人体中奇妙的构造：在人体中既有减震的弹簧又有结实的“拱桥”。

说起拱桥，最著名的要算赵州桥了，它是世界上现存的最早的大型石拱桥。拱形克服了石头不能承受拉力的缺点，使石头成为许多大桥和建筑物的栋梁。赵州桥是由28条并列的石条组成的，每一条石头都经过严格的雕磨，使每条石头之间能密切地配合成为一个整体。在拱的中间还必须有一块楔形的石头。这样，当这块楔形石头受到向下的压力的时候，楔形石头就会去挤压相邻的两块石条，这两块石条又会去挤压它旁边的石条。一块挨着一块挤压下去，所以向下传递的只是压力而不是拉力。所以石头建造的拱桥十分结实，桥梁能承受很大的重载。

人体像一个建在两个柱子上的大厦。上身的重量占人体的70%，这些重量都通过脊柱而加在两条腿上。按建筑学的原理，两条腿的中间应该有一根很粗的“梁”才能承受住这么大的重量，这根“梁”必须十分结实，因为人体在运动中所产生的冲击力，有时是体重的十几倍甚至几十倍。

但是，在人体内找不到一根结实、厚重的“梁”。连接人体上身和两腿的是骨盆。骨盆很轻很薄，怎么能承受这么大的力量呢？原来骨盆实际上是一个“拱门”。拱的前下方通过耻骨拉紧，上身的重量通过脊柱末端的骶骨压到两个髋骨上，再传到大腿骨上。耻骨的连接使这个拱形更加稳定，不受腿部运动的影响。这个拱不仅结实而且像弹簧一样能减震。

在人的两只脚上有两个拱桥，那就是平时我们所说的足弓，它是由一连串的小骨头组成的。它不仅能使人站立稳固，保护着足底的神经和血管免受压迫，还能起防震作用。这两个小小的拱桥既轻便又结实，它不但承受了直立行走的人的全身重量，而且足弓还像一个弯曲的钢条，能帮助人体跳跃。一根弯的钢条往地上一扔，它会蹦起来，而一根直的钢条就不同。在你行走落脚或跳跃触地的一瞬间，足弓变平，缓冲了震动的冲击，抬脚时，它又弯回原来的形状，就像三轮车底盘上的大弓形弹簧一样。足弓的大小，对跳起的高度有影响。一般说，足弓大，跳得高，拱形大弹性大。

虽然我们常说“站如松”，但是人的脊柱不是绝对直的。人的脊柱自上而下打了几道弯，从侧面观察，在颈和腰部向前凸，在胸和骶部向后凹，成S状。另外，人的脊椎由一节节的椎骨组成，它像一条竖直放置着的弹簧片，每节椎骨靠椎间盘连接，椎间盘像一个弹簧垫，它能随压力大小改变自己

的形状。这不仅有利于脊柱的运动，还可以缓冲椎骨之间的相互冲击，使来自外界的震动得到缓冲。既保持了身体的直立姿势，又能缓冲来自脚部的冲击，免使头部受到震荡。

人体内的弹簧还可以在各种各样大大小小的关节中找到。在关节的活动部位，都垫有一层由软骨组成的关节盘。在膝关节处的这块软骨，又叫做半月板。在膝关节受压时，半月板改变形状，它不仅能使膝关节结合得舒适，还能增加弹性，使人在跑、跳中的震动得到缓冲。

埃菲尔铁塔不如芦苇

坐落在法国塞纳河畔的300米高的埃菲尔铁塔，是1889年为纪念法国大革命100周年而建。埃菲尔铁塔是巴黎人的骄傲，因为它曾经是世界上最高的建筑。但是在1887年的严冬，开始破土动工的时候，却遭到当地居民的强烈反对，他们害怕铁塔会倒下来，并纷纷上法院去告状。当铁塔按照图纸一层层精确地铆接起来以后，结实、漂亮的塔身才消除了人们的疑虑，法兰西共和国为铁塔的落成举行了隆重的典礼，还为设计铁塔的工程师埃菲尔塑了一座半身铜像，立在塔前。

一百年过去了，埃菲尔铁塔不仅成为一个旅游胜地，也是法国电视广播的中心。人类从造石塔、砖塔到空心铁塔，是建筑史上的一大进步，因为空心铁塔省料、省工。高300米的埃菲尔铁塔，只用了27个半月就安装完毕，这是人类智慧的结晶。

埃菲尔铁塔虽然威名远扬，但是和自然界里的一些生物体一比较，也就算不上是什么奇迹了。生物体往往在省料、结实方面比人类的创造物要高明得多。一根芦苇一般高2米，而它的直径只有1厘米，高度和直径之比为 200：1。而在人类的建筑物中却找不到比例如此之大的纤细高层结构。埃菲尔铁塔高300米，虽然上面部分较细，可它的高度和宽度相比就比芦苇逊色多了。

为什么高而细的芦苇不会轻易折断呢？因为芦苇是中空的。为什么中空的物体就有这么大的“本领”呢？下面用一块长条橡皮做一个实验来回答这个问题。

在橡皮的侧面上画两条线把橡皮分为三等分，然后再画上一些距离相等的格子。弯曲你的橡皮，正方形的格子变成了扇形。这是由于外层伸长了，里层压缩了。因为橡皮的中间那层格子变化不大，所以中间的一层既不伸长也不缩短。从受力来看，既不伸长也不缩短，表明它不受力。这就是说，中间这一层对抵抗弯曲没有作用，只是白白地增加了重量，还不如把它去掉更好。这就是中空承力的原理。

大自然是最高明的“建筑师”！自然界里的生物体在进化的过程中，早就运用了这个材料力学中的秘密，许多植物的茎是中空的。细而高的芦苇之所以能“耸立”在那里，就是因为空心芦苇虽然减少了自身的重量，而抗弯力却没有减少。现在,我们走到工地上去看看就会发现,有空心水泥楼板和工字梁。工字梁是管子的变形,它的中间层做得特别薄,可以节省材料,减轻重量。

如果建筑房屋的时候需要一根很粗的房梁,用一根粗大的工字梁就会显得十分笨重。所以人们用槽钢或角铁焊成一个空心的铁架子,建筑中叫桁架,是节省材料的结构。架子的上边承受拉力,下边承受压力,中间用一些短的材料支撑,省去了大量的材料,结构轻,然而能承载的力量却很大。铁路大桥和铁塔都是由桁架组成的。这个设计够巧妙的了。

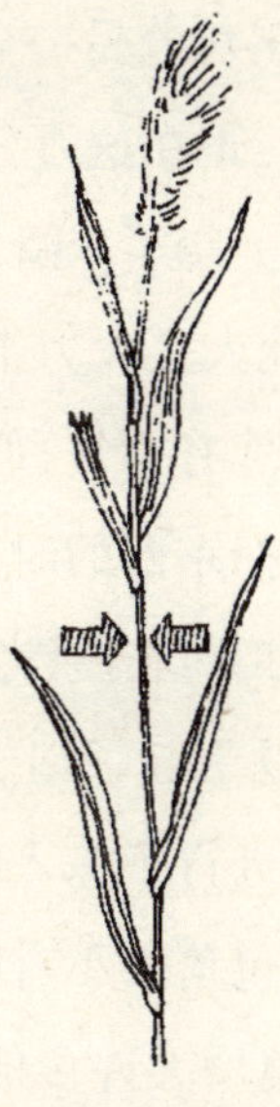

人类发明的桁架很高明,但是锯开一根新鲜的动物骨骼研究一下,就不敢下这个结论了。你会看到,骨骼的外层是致密的骨密质,里层是一些结构稀疏的像蜂窝一样的骨松质,再里面就是中空的充满了造血功能的骨髓。起初人们认为骨松质的排列是杂乱无章的,但是经过精密的X光透视的测量,才知道骨松质的排列是严格有序的,是从里面支持着骨骼使它更加结实的组织结构,就像建筑上桁架中的小铁梁,所以人们把骨松质又叫做骨小梁。

一位建筑工程师用力学的原理，通过电子计算机设计了一根骨骼的骨小梁结构，结果和真实的骨小梁十分类似。

大自然真是了不起，从某种意义上说，保护大自然就是保护我们的“老师”！

捻出来的摩擦力

有这样一个故事。一个准备下水的木船，突然滑脱了，沿着光滑的船台下滑。下面正对着另一只停靠在那儿的船，船上的乘客看见向他们撞来的船，吓坏了！正在这万分紧急的时刻，一个大个子冲上来拽着船上的缆绳在一个铁桩上绕了3圈然后拽住绳端。一场灾祸避免了，下滑的船停住了，人们都夸此人是大力士。

这个人果然有力气，但即使一个孩子也可以做到这些。这里面有物理规律。我们在捆东西的时候有这样的经验，总喜欢在上面多绕几圈，东西便捆得更牢。如果绳子不够长，只绕一圈，就是绳结打得再牢，东西也拴不结实。这个问题引起了瑞士出生的物理学家尤勒的兴趣，他对皮带在滑轮上打滑的问题进行了深入的研究。他发现，皮带在滑轮上是否打滑，和皮带在滑轮上的包角大小有密切关系。皮带包角越大，越不容易打滑。如果绕上几圈，包角增大许多倍，拉力便增大上千倍。

利用尤勒的理论，一个小孩可以和一头牛比赛拔河。这就是把拴牛的绳索在一根木柱上缠上三道，假设绳索与木柱的摩擦系数是0.3，力量可以放大286倍。若是绳索缠绕的圈数为4圈，力量放大1882倍。

尤勒这个皮带原理看上去很神，其实，早在几千年、几万年前，自从智慧的人类发明了将天然的纤维捻成线以来，就开始利用这个原理了。

棉线是棉花纤维捻成的，棉花纤维很不结实，为什么加捻做成线后能有那么大的强度呢？稻草捻成绳子也很结实，每根纤维既没有打结，也没有沾上浆糊。捻起来的棉线织成的布料那么结实,也不会轻易地散开。

这是摩擦力在起作用。线是纤维与纤维之间的摩擦结合在一起的,草绳是稻草一根根之间的摩擦结合在一起的。那么为什么能达到那么强的摩擦结合呢?这便是尤勒皮带原理的一种应用,试考虑一下线当中的纤维的缠绕情形和绳索在桩子上的缠绕是类似的。线捻的越紧越结实。你可以做一个倒捻棉线的实验,被倒捻了 7 ~ 8 圈的棉线,纤维很容易抽出,变得七零八落。

为什么羊毛衫缩水?

羊毛衣服又暖又轻,穿着觉得舒适,花色品种很多。外出旅行尤其是在野外应首选羊毛衫。因为在受到雨淋的情况下,羊毛衫的保温能力最强。可是羊毛衫有一个大缺点就是缩水,每洗一次缩一次,穿用二冬三冬后,大人的毛衣变成娃娃穿的,再过二三年很可能只好给婴儿穿了。纯棉麻制品也是这样,我买过一床纯麻编制的凉席,一水洗下来甚至缩短了 1/3。

不过这个缺点反过来可以变成用来制作毛毡帽子的优点,牧民可以在自己家里用简单的办法把羊毛制成隔潮防寒的羊毛毡。制羊毛毡的办法就是反复揉搓羊毛堆尤其是在水中进行压缩,有助于毡化,经过不断地揉搓,羊毛就会紧紧地结合在一起形成很牢固结实的毡垫。长头发脏了也会纠缠在一起梳理不开,这也是毡化。所以洗头时要用护理剂。

羊毛和麻类制品缩水的原因是摩擦力。

动物的毛有顺毛、戗(qiāng)毛。拿一根羊毛置于电子显微镜下仔细观察(头发也可以),可以看到表面是由鳞状的锯齿纹构成,其中的每一片朝一方的倾斜是缓和的,而朝其相反方向的倾斜则是陡的,就像有倒钩。顺着从毛根向毛尖抚摩这根羊毛,感到很顺滑,但是从它的尖端朝着毛根进行抚摩便感到粗糙了。羊毛的摩擦系数有两个数值,顺毛时为 0.2,戗毛时为0.49。不同的方向摩擦力相差一倍多。在揉搓羊毛时，纤维朝顺毛方向压缩的毛容易向内部侵入，而且一旦侵入，当停下揉搓工作时，虽因弹性力的作用欲恢复到原来的位置和形状，但这时候因为需要克服比以前更大的与摩擦系数戗毛相对应的摩擦力，所以得不到充分恢复。这样反复进行揉搓，每当压缩时羊毛逐渐地越来越向内部侵入，终于整个变成坚实的毡状。实际上，这种羊毛摩擦的各向异性，成了制作美观的毛毡帽子的自然原理。

家庭主妇在整洗羊毛衫时，总是很小心，缓慢而小心地挤压，避免粗鲁的反复揉搓，努力减少了压缩的次数防止毡化。实际上用扯拉的方法来洗可能会更合乎道理。在洗毛织物时，拿着它的四周，拉拉放放，这样做的结果，尺寸只会变大而不可能缩小。

合成纤维不缩水，因为它没有摩擦的各向异性，所以无论怎样揉搓也不会变成毛毡。对于羊毛来说，去除这有害的“抽缩”是个很重要的研究课题。现在的羊毛衫都进行过处理，不缩水。其原理是，借助某种树脂加工，将一根根的羊毛的鳞片状锯齿掩埋掉；或加工成布后，利用树脂黏合法使每根羊毛的接触部分即使揉搓也不滑动。但前者的效果不够理想。经过处理的羊毛制品都会变硬不如“纯天然”的蓬松柔软。克服羊毛缩水的最好对策是拆开重织一件，添一些线又是一件新羊毛衫。

动、静摩擦“斗法”

如果有一根一头大一头小的木棒，它的重心就不会恰好位于中心，而是偏一点。用下面这个简单有趣的办法，就是闭着眼也能迅速地找到它的重心：把两只手的食指分开支持在木棒的两边，慢慢向中间靠拢，你会发现两个手指的移动完全不受你思想的控制。总是一个手指先相对木棒滑动一下，然后另一个手指滑动一下，有时动得多，有时动得少，两手指交替移动，最后在两个手指合拢的地方,就是这个不均匀木棒的重心位置。

这是一个非常有趣的现象,解释这个现象可以帮助我们了解两种略有不同的摩擦力:静摩擦和动摩擦。当我们在地面推动一个木箱时,就会遇到这两种摩擦力。木箱从静止开始运动时,其摩擦阻力是静摩擦,相对滑动时的摩擦力为动摩擦。当两个相互接触又相对静止的物体有滑动趋势时存在的摩擦力为静摩擦。

早在18世纪库仑就发现静摩擦力大于动摩擦力。俗话说:“不怕慢,就怕站。”在移动一个重物时常听说这样的话。这是经验的总结,一停下来,要克服的是静摩擦,所以更费力。

库仑还发现摩擦力和作用在摩擦面上的垂直压力成正比。利用上述两点我们就可以来说明木棒的奇怪行动。木棒一开头压在两只手指上的力一般总是不等的,因为重心不会恰好在两个手指的中间。压在一只手指上的力比压在另一只上的大些,假设第一只手指上的摩擦力比第二只上大些。正是这个摩擦力阻碍木棒和第一个指头的相对滑动,第二个手指逐渐向木棒的重心滑动,手指上的压力也就逐渐增加,增加到跟另外一个手指上的压力相等。此时会发生什么事情呢?

会不会两个手指同时滑动呢?

不会!因为滑动时候的摩擦力比静止时候的小些,因此滑动的手指还要继续一段时间,直到滑动手指上的压力增加得很多,滑动才停止下来。这时候另外一只手指上的压力减少,开始滑动了。这个现象会继续重复下去,两只手指就这样轮流交替地做滑动支点。最后两个手指接触的那点就是木棒的重心。

儿时玩具的启示

了解了静摩擦比动摩擦大的特点,我们便能理解许多有趣的现象。

儿时，许多小朋友都自制过一种纸弹竹枪，非常有趣。它的构造非常简单，是一根手掌长的细小竹管（外径 5 ~ 6 毫米）和一个活塞棒即可。子弹是纸制的，把纸团放在嘴里用牙齿咬嚼得硬实些。将咬嚼过的纸活塞填充于筒口里，然后尽快地推压活塞棒，纸弹丸就从枪口“砰”的一声飞出去，射程 1 米开外，劲头儿倍儿足，和真的放枪一样能突然发射子弹，而且有响声。活塞棒的长度应比竹筒短几个厘米。纸弹丸也不要放在管口，距管口有几个厘米。

但这是为什么，却没有人追究其原理。通常，纸弹竹枪往往简单地被理解为压缩空气的作用。弹丸和活塞之间封闭的空气在活塞使劲推压时空气压力急剧上升，从而迫使纸弹飞出。但只凭这点不能解释纸弹为什么会突然飞出去。在实际的气枪中，即使压缩空气，弹丸也不能自动飞出，而需要扳机。任何枪支发出子弹是靠爆发力，所以放枪时要扣动扳机才行。

竹枪的扳机在哪里？说实在的，因为用牙齿咬嚼弄湿的弹丸内藏着眼睛看不见的自动扳机装置，不妨拿干纸团做成的硬实纸弹填充进去试试看。即使注意到不使空气从弹丸周围泄漏出去，弹丸也绝不能做到劲头儿足足地飞出。不信你可以试一试。这个扳机装置就是利用“静摩擦力大于动摩擦力”的库仑摩擦第三定律。

弹丸静止时，其静摩擦力比动摩擦力大得多。所以弹丸的静摩擦力起到了积累气体压强的作用，空气室的压力充分上升之前，起着挂住扳机的作用；当压缩空气的压力大于弹丸的静摩擦力时，弹丸一滑动，大的静摩擦力立即消失转变为小的动摩擦力，弹丸便朝枪口滑出。

你会问，干的弹丸为什么不行？

沾湿的纸和干的纸的摩擦两者之间，对于速度的敏感性有所不同。干纸的静摩擦力和动摩擦力在大小上无太大差别；湿了差别就很大，静摩擦很大，动摩擦很小，属于湿摩擦。因此，将弹丸弄湿这一点，对于摩擦的自动扳机作用是不可缺少的条件，这是儿童们在实践中获得的一项了不起的发明。

雪地行车须知

一场小雪把整个城市变得一片洁白。马路上的积雪在车轮的重压下结成了一层薄冰。在这种天气里骑车真有一点胆寒，人们都小心地缓缓前进着。

突然“啪”的一声，一个骑车人摔倒了，卡车司机没有料到这种突然情况，猛踩刹车。下面的事情就更难预料，卡车突然转了90度，车头冲上人行道，整个车身横在马路中间，把行人都吓呆了。

汽车打横不仅在雨雪天气中可能遇到，即使路面无雨雪，紧急刹车也会出现打横，在赛车的现场中我们也可以看到类似的现象。

真奇怪了，按道理说，冰雪覆盖的马路上摩擦力很小，车刹不住应该向前冲才是，怎么会横过来呢？

其实，汽车刹车过程和路面的作用是十分复杂的。例如：汽车本身的刹车装置不完善，两个轮子刹车的力量大小不一样，一个轮子刹住，另一个仍然在跑，产生甩尾打横现象。即使汽车技术处于理想状态，两个轮子都稳稳刹住了，在地面上滑动时，也会打横。这是符合物理规律的。在滑动摩擦中，有一个大家不太注意的规律，就是当一个物体在另一个物体的表面上相对滑动的时候，在与滑动方向相垂直的方向上摩擦力迅速减少，在这个方向上变成了湿摩擦，就好像上了油一样。只要有一点横向力就可以把巨大的汽车横过来。

这个规律好像挺奇怪，其实，我们在日常生活中已经在不自觉地使用：比如用钻头钻木头的时候，钻头钻进木头里后，如果停钻，由于摩擦力的作用很难把钻头拔出来。但是，如果让钻头继续旋转，钻头就能很容易地拔出来了。这是由于钻头转动时和木头在旋转的水平方向有滑动摩擦，因此沿着竖直方向上的摩擦力就很小，只要轻轻用力，钻头就拔出来了。有人会认为这种现象是退螺旋的作用，其实不是，不需要钻头反转，正转的情况下即可。

马路不平是横向力的主要来源，一般马路为了排水，中间高两边低，倾斜的路面产生的下滑力平时微不足道，在急刹车时则显示了作用。另外下雪天路面积冰很不平整，也是使汽车打横的另一个原因。

所以刹车完全抱死是十分危险的，汽车司机都知道，不能紧紧地踩住刹车不放。因为当轮胎完全被抱死和地面相对滑动时，即使在干燥的路面上也是危险的。摩擦产生的热使橡胶和柏油路面熔化，形成一层薄薄的液体，也大大减少了和地面的摩擦力。如果汽车开始打横，为了避免翻下公路，应该放开刹车，车轱辘在滚动，则不会产生上述现象。

新型的汽车设计都增加了防刹车抱死的自动装置，即使驾驶员死死地踩住刹车，也不会发生完全抱死的现象。

汽车转弯时，车轮也可能产生滑动，因为轮子走过的半径不同，外圈的半径大，里圈的半径小，几个轮子的转速应该不同。一般的汽车，后面的两个轮子的转速是相同的，这样其中的一个轮子会打滑。打滑就存在甩尾的危险。

如今，一种用电脑控制的防止汽车打滑甩尾的装置出现了。计算机能单独地调整每一个轮子的转动速度，汽车转弯时，外面的轮子应该转得快一些，里面的慢一点。这就像一个横排很宽的队伍转弯的时候，要精确地调整每一个人的行进速度才能保持队伍的整齐。比如说，如果车尾在左转弯时甩出很远，电脑就命令对右前轮进行瞬时制动，使汽车返回到与驾驶人意图相一致的路线上。如果汽车左转弯时有不足转向的情况，电脑就命令对左后轮进行瞬时制动，“帮助”汽车转弯。当系统感测到有过度转向的情况，就对一个前轮进行制动以降低横摆角速度。

必要时，电脑可以用关小节气门、推迟点火时间或改变变速器的办法来调整。配备了这种电脑防滑系统的汽车几乎万无一失，即使汽车的一条车辙在干燥路面上、另一条在冰雪路面上时，电脑也能使各个轮子的运转保持一致。对于没有经验的司机也是这样。

在雪地骑自行车的人突然捏闸，也会打横，感到好像有人横着推了你一下，把你推倒，这也是同类现象。

知道了这个规律，我们就可以找到雪地骑车安全的办法。雪地行车应该注意些什么呢？从理论上说，就是尽量避免出现车轮和地面的相对滑动。换句话说，就是要让车轮在地面上转动，哪怕转得很慢也不会出现打横摔倒的现象。这就是说不要猛捏车闸刹车，因为一刹车，车轮就在地面上滑动，所以骑车时要精神集中，早发现情况慢慢捏闸，让车轮减速但不要停转，这样骑车就可以避免在冰上摔跤。

拔木桩的故事

有一次和哥哥一起搭葡萄架，埋下了几根木桩，后来觉得位置不太对，要拔起来重埋。我抱着木桩使足全身的力气往上拔，脸涨得通红，木桩却纹丝不动，可是哥哥已经拔起几根了。哥哥说："要晃着向上拔，就好拔了。"照着哥哥的样子去拔，木桩果然拔起来了。这是为什么呢？

还有一次修自行车，一个生了锈的螺丝帽，怎么也拧不动。我找了一个大号的扳手正要扳，哥哥忙阻止说："这样会把螺栓拧断的。"他用小锤轻轻地敲了螺帽几下，螺帽就给拧下来了。

这两件事给我的印象很深。还有一件事是北京修筑环城地铁时发生的，当时我正是一名中学生。那时修地铁不是暗挖，而是在地面开槽，为了防止开地槽时可能会出现塌方，要把十几米长的工字梁用汽锤打到地里去，工人彻夜工作，把一根一根的铁桩打进地里。很远的地方就能听到汽锤沉重的响声。地铁修好后，那些铁桩还要拔出来。打得那么深的铁桩要拔出来谈何容易！

我怀着极大的兴趣，长久地站在地铁工地旁看工人师傅是如何把工字梁从深深的地下拔上来。

担任拔桩的是一个可以移动的履带式吊车，上面标明最大可吊十吨重物，它能胜任吗？能像鲁智深倒拔垂杨柳那样把铁桩拔起来吗？

工人在一根露在地面只有一米多长的铁桩旁忙碌着，不一会儿吊车就开始绷紧了钢丝绳。我正害怕吊车被地面的铁桩拉翻的时候，铁桩被拉动了。大地在微微地振动，铁桩徐徐升起，真让人看得目瞪口呆。

我非常不解地去问工地上的师傅，他们告诉我：只要把一个振动器装在铁桩头上，大约有4吨的力量就可以把铁桩拔起来。这是为什么？

这些问题，我想了很久，直到学了大学的物理课后才逐渐弄明白：埋在地里的木桩、铁桩拔不出来，生锈的螺帽拧不动，这些都和摩擦力有关。就拔木桩或铁桩来说，你要把它们往上拔，泥土和它们之间的摩擦力却拽着不放。要和摩擦力“拔河”必须设法减少摩擦力。摩擦力的大小和物体间的正压力成正比的。比如说，拖动一个木箱，木箱越沉对地面的压力就越大，摩擦力也越大。要减少摩擦力有两种方法：一是减少摩擦系数，另一个是减少正压力。平时我们常使用减少摩擦系数的办法，如使用润滑油。但是对于深埋在泥土里的铁桩，这个办法不好用。所以只好在减少它的正压力上想点办法。

为了找到这个办法，我们先观察一个小实验：找一块木板，把木板的一头垫高一点，使木板略微倾斜。把一只墨水瓶放在木板上，摩擦力使墨水瓶不能下滑。但是当你轻轻地敲打木板的时候，墨水瓶会一点一点地滑下来。

轻轻敲打敲打，墨水瓶就会一点一点滑落。原因是什么？原来，当木板受到振动的时候，墨水瓶会微微跳起，在墨水瓶跳离板面的那一刹那，它和板面的正压力几乎等于零，摩擦力也几乎等于零。于是在重力的作用下，墨水瓶就向下滑一点，这种滑动是断续的，因为墨水瓶的跳起是间断的。所以它就一点一点地慢慢从振动的木板上滑下来了。弄清了这个问题，前面的几个问题就迎刃而解了。

振动可以克服摩擦，摇晃木桩、敲打螺帽、拔铁桩时给铁桩安振动器，都是利用了这个原理。其实利用振动克服摩擦的方法，人们早已使用，例如往口袋里装粮食，为了把粮食装得实一些，常常把口袋晃一晃，蹾一蹾，这样就能减少谷粒之间的摩擦力，使谷粒下沉，口袋里又可多装上一些粮食。建筑工人在浇灌混凝土的时候，为了把沙石和水泥捣实，也常使用一种振动器，这种振动器放在混凝土里面不停地振动着，沙石之间的摩擦力会立即减小使沙石流到模型内的每一个角落。工程师还把振动的方法用来犁地，犁地的时候，由于犁头沾满泥土，和地面的摩擦力很大，但是如果让犁头轻微地振动起来就能使犁头既不沾泥土，又能轻易地插入泥土中。这种振动犁受到农民的欢迎。

由于振动可以减少摩擦，有时也会带来危害，大铁桥如果是用螺栓固定的，大量车辆通过时引起桥面的振动，就会使螺栓松动，所以铁桥都是使用铆接的方法，有时自行车、汽车或机器上突然掉了螺丝，也往往是振动的结果。

惯性杀人

公安部要求小汽车前排座的司机和乘客乘车时，必须系安全带。但是许多人不把这个规定放在心上，似乎系安全带只是给警察看的。

据美国的研究，由于交通事故从车里甩出去的人有 87%会死亡，如果系了安全带可减少 1/3 的死亡率。使用安全带 30 多年的历史证明，汽车的时速在每小时 60 千米以下时，可以减少交通事故中死亡率的 80%，真是一带值千金。

安全带的构造非常奇特，慢慢地抻它的时候，可以毫不费力地把安全带的套圈拉得很大，无论多胖的人都可以套在身上，但是当你猛地一拽的时候，安全带就立即被锁住。所以戴上安全带不会妨碍司机的正常操作，但是在遇到紧急刹车司机突然向前冲的时候，却可以把司机牢牢地固定在车座上，保证安全。

历史上，安全带是在飞机上首先使用的。如果把手中的铅笔盒上下颠一颠，听听里面的响声，就是没坐过飞机的人，也会想象出如果飞机上下颠簸时的感觉了。在一次上海—洛杉矶—西雅图的飞行中，由于在北太平洋上空突遭强气流袭击，飞机在十几秒内骤然下降1700米，正在工作的8名乘务员和没有系安全带的乘客，都不由自主地飞向天花板，并重重地撞在上面，有的头破血流；不久飞机又被强气流托起，此时，他们又被超重力死死地压在地板上一点也动弹不得，飞机里的行李物品，只要没有系好的，都像长了翅膀似的在机舱里乱飞。而驾驶舱里的机组人员由于按规定系好了安全带，所以他们在这紧急关头安然无恙，镇定自若，努力稳住飞机。按要求系好了安全带的乘客也无一受伤。

为什么一根安全带就可以在事故发生的千钧一发时保全人的性命呢？其原因是惯性。虽然惯性人人皆知，但是对它威力的大小却不熟悉。一辆汽车以每小时100千米的速度前进，其速度相当于从40米高（相当13层楼高）的地方无阻力自由落下的末速度。如果你站在13层楼的楼顶，你会浑身发抖。但是，有些以这样高速行驶的驾驶员却不会有这样的心理。从楼顶上摔落下来之所以可怕，是因为会摔在坚硬的地面上。物理学告诉我们，让一个重物在一定的距离内停下，克服惯性所付出的力量与所需的时间成反比。设乘客的质量为50千克，时速100千米，在1秒内停下来，约需要1400牛顿的力（相当140千克力），如果把时间缩短到原来的十分之一，即在0.1秒内停下来（相当于跌在硬土地面上），其力量就要增大10倍，达到14000牛顿力（相当1400千克力），这已经超出了国家的安全法规所规定的损伤标准了。

发生交通事故的时候，汽车碰撞一瞬间的力量是十分巨大的，碰撞的时候，在0.11秒内驾驶员的头部就会向前移动20多厘米，如果不在这么短的时间内采取措施就有危险，不系安全带的司机就会被驾驶盘挤伤肺部和心脏。此时不系安全带的乘客会无法控制地一直向前冲，甚至冲破挡风玻璃，摔出车外。就是不被抛出车外，乘客也会由于反弹的作用，会反复与车厢碰撞造成重伤。这一切都是发生在一瞬间，所以不系安全带的后果是相当危险的。

安全带则可以及时拉住你。安全带的设计也是十分重要的，带子的弹性系数不能太大也不能太小。带子过硬会把人拉伤，太软又起不到保护的作用。

顺便提一句，登山运动员的保护绳和蹦极运动者的保护绳的设计也是很有讲究的。

更理想的驾车安全装置是用一种可以在发生碰撞的瞬间迅速膨胀的气囊来保护司机。在汽车里有 3 个可以感知加速度的传感器，每个均与电脑连接。在碰撞发生时，1%秒内电脑就进行工作，3%秒内点火装置启动，5%秒内高压氮气充入气囊，8%秒内气囊向外膨胀，11%秒内气囊完全涨大，此刻驾驶员的头才撞入气囊。这种保护装置比安全带更有力，只是价格十分昂贵。

是猫尾巴的功能吗？

一个顽皮的孩子用双手托起一只猫，使它四脚朝天，然后突然撒手。孩子本想把猫摔一下取乐，可是出乎他的意料，猫竟能在空中翻身，四脚朝地安全落下。加上脚爪上厚厚的肉垫与腰腿很强的弹性，安全着地后毫无损伤。

1894 年，法国科学院的马雷用高速摄影拍下了猫下落的全部过程。照片清楚地证明，仅在下落的最初 1/8 秒，猫就完成了翻身的动作。

这个结果使许多物理学家惊异不已，猫是用什么办法使自己转身的呢？

前苏联的洛强斯基在他的理论力学教科书中曾提出一种解释：猫在下

降时将尾巴向一个方向急速旋转，这样猫的身体会沿相反的方向翻转过来。可是，有人做过计算，由于猫的躯干与尾巴的质量相差甚大，要想使躯干在1/8秒内转过180度，尾巴必须在同一时间内向相反方向转动几十圈，才能维持系统的动量矩为零。这个速度简直可以和飞机螺旋桨的转速比美！所以否定了猫尾巴的功能。

1960年，英国生理学家麦克唐纳用割去尾巴的猫做试验，猫照样能在空中灵巧地翻身，因此，这种“转尾巴”理论也是站不住脚的。

后来，人们用兔子做类似实验。兔子的尾巴很短，但是兔子也能很好地翻身。

美国学者凯恩对猫的下落的照片作了仔细的研究后，进行了计算机仿真，为了得到准确的数据，他把一只死猫切成14块测得质量分别输入电脑，数据的计算结果采用图形输出。

图形输出表明，身体灵活的猫，在下落时前半身做一周圆锥运动，猫的前半身这样运动时，猫的全身作为整体将向相反方向转动。前半身作圆锥运动一周时，全身正好向相反方向转过180度。这种“弯脊柱”理论很像“转尾巴”理论，不过这里转动的不是质量很小的猫尾巴，而是猫的整个前半身。

兴师动众研究这一问题的目的是因为在现代体育技术和航空航天技术中有着十分重要的意义。在体育运动中，人体有许多动作是在腾空阶段完成的。如跳高、跳远、体操、蹦床、跳水等项目中，要求人体在腾空阶段完成一系列复杂的动作。跳水时人体要完成180度的转体动作，以准确的姿势入水。猫和兔子知道最优的动作程序，看来，人类要向它们学习。

更重要的是在航天中的应用。人习惯在重力下生活，一旦失去重力，就会身轻如烟似的飘浮在空中，使人感到手脚无所适从。假定我们要求宇航员做一个最简单的动作：在静止飘浮状态下实现转身，即绕纵轴的180度转体。没有经验的宇航员如果采用地上的转体方法，他将无法完成这个动作。但是如果研究了猫的翻身，就能设计出好几个动作方案来实现静止转体。美国航天局设计了一套标准动作来培训宇航员，他们所依据的基本理论也是来自于对猫翻身的研究。

体育运动的“储钱罐”

在体育运动中，运动员要创造优秀的成绩，都要巧妙地贮藏自己的能量。例如跳板跳水和撑竿跳运动，运动员都是利用跳板或撑竿来贮存能量的。运动员不仅要学会储存能量，还要掌握把存入的能量全部取出来的本领。

先看看跳板跳水运动中，运动员是怎样存取他自己的能量的。起跳的时候，运动员站在出发的位置上，轻轻地舒一口气，向前跨了两步，在第三步结束的时候，双臂向上摆动，猛地一跳，这是一个助跳动作，只听跳板嘎吱一响，运动员落在跳板的端点上，把跳板压下去。这时候，运动员把自己的助跳的能量贮存在这个压下的跳板上了。随着跳板的弹起，运动员用力伸直弯曲的双膝，一直绷直到脚尖，这是第二次跳起，借着弹起的跳板还给他的能量，他脱离跳板腾入空中。

在观看跳板跳水比赛的时候，如何判断运动员技巧水平的高低呢？有一个简单的窍门是，当运动员跳离跳板以后，如果跳板嘎吱嘎吱响声大作，那么这个运动员的技术还不到家，因为这说明一部分能量被浪费在嘎吱嘎吱的振动中了。如果跳板只是微微颤动，你就可以肯定他是一名优秀的运动员。

能否做到这一点和运动员起跳蹬板的时机很有关系。选择什么时间蹬板呢？显然，在跳板振动到最上端时起跳是不合适的。因为这时跳板开始要向下运动，运动员再向下蹬板，跳板也向下运动，脚就和踩棉花一样使不上劲，会影响双腿与双脚的爆发力。是不是在跳板振动到最下端的时候，起跳最好呢？因为这时跳板开始要向上运动，运动员可以借助跳板向上的推力。经仔细分析，这也不是起跳的最佳时刻，因为，在跳板下弯到最下方时，跳板的瞬时速度为零，运动员若在这一时刻蹬板起跳，无疑会使跳板继续向下运动，运动员反而会损失自己的一部分能量去推跳板向下，也是不合算的。

由此看来，蹬板起跳应选择在跳板正由下方回到中间位置的某一瞬间。运动员的第二次跳跃起跳的最佳时刻应选择在跳板从下方回到平衡位置的中点处。在跳板达到平衡位置时（也就是不再弯曲时）完成跳跃。跳水运动员若能及时抓住这个时刻起跳，将有可能获得最佳效果。优秀运动员常使用“踮脚尖”的动作来吸收跳板上的最后一点能量，使跳板停在平衡位置上。世界上只有少数的优秀运动员才能做到几乎取回存在跳板里的全部能量。

撑竿跳高运动员是把他们的能量贮存在一个弹性跳竿里。现在撑竿跳用的竿是玻璃钢制成的，弹性很好。运动员握竿以很高的速度助跑，然后突然把玻璃钢竿插在沙坑前面一个事先预备好的洞里，由于运动员继续向前冲，跳竿弯成弓形，运动员顺势跳起，跳竿由于弹性向上伸直把运动员送过高高的横竿。

运动员是如何把自己的能量贮存到跳竿里去的呢？原来当运动员高速向前跑的时候具有一种能量，然后通过跳竿的弯曲存在竿里，当它伸直的时候又把这份能量还给了运动员。运动员的助跑越快，贮存的能量越多，他就可能跳得越高。

有惊无险的云霄飞车

在游乐场里，最惊险又最有趣的游戏之一，也许就是乘云霄飞车了。当你乘飞车，穿云霄，头朝下飞行的时候，常常会吓得魂飞魄散。其实，你一点也不必担心自己的安全。物理学定律像一位天使在保护着你。云霄飞车都是按着力学规律精心设计的，就像月亮不会突然从天上掉下来一样，你也绝不会突然头朝下地从云霄飞车上栽落下来。

下面让我们一起乘上这种最有趣的云霄飞车——穿梭环轨飞车“飞”

一次，然后我们一起来琢磨一下这里面的道理。

两个高达几十米的滑梯中间，夹着一个十几米高的环轨。车站上停着漂亮的轨道车，舒适的座椅正等待着我们。当我们在座椅上坐稳以后，服务员提醒我们，把椅子前的保险档放好锁住，这样我们就被锁在椅子里！只有当每一个椅子上的横档都锁好以后，列车才能开动，而且在列车行驶的整个过程中，乘客自己不能开启这个横档。因为横档是由中央控制系统统一管理的，列车不到终点，锁是打不开的。

乘客坐好以后，钢丝绳把列车慢慢拖到滑梯的顶端，突然钢丝绳松开了，列车迅速地向下冲去。我们的心就好像提到嗓子眼一样，但是只有几秒钟，列车速度开始减慢进入环轨向上爬升。到了环顶，我们的列车整个颠倒过来，头朝下地向下俯冲，速度越来越快，有的小朋友被吓得闭上眼睛，不过很快列车就冲向另一个滑梯，兜了一个圈子以后，再次冲向环轨，最后列车戛然停在原来的车站上。

我们的这一段经历是很宝贵的，因为在没有云霄飞车之前，只有飞行员才能有这种体验。乘云霄飞车的时候，你也许会想过列车为什么不会从环轨的顶端掉下来。

下面我们通过一个实验来讲讲这里面的道理：用一个网兜兜住一杯水，用手提着网兜慢慢摆动，让它越摆越高，这时候水杯虽然倾斜，但水却洒不出来。等摆得很高的时候，顺势让水杯在竖直面上划一个圈，水杯底朝天越过你的头顶，但是杯中的水仍然不会洒在你的头上，好像地球不再吸引杯中的水似的。这是一种失重现象。其实，失重的时候，重力并没有消失，而是在“忙”着干其他的事，因此顾不上把水从杯子里拉下来。

重力在忙着做什么呢？

再来做一个类似的实验：在绳子的一端拴一个螺丝母。甩动绳子让螺丝母在竖直面上做圆周运动。等螺丝母转到高处的时候，一松手，螺丝母就会向外飞去。做这个实验要特别注意安全，最好找个空旷的地方。

做圆周运动的物体，都有摔出去的趋势，例如坐转椅或乘汽车急转弯的时候，我们都有这样的体会。我们必须紧拉住车上的扶手得到一个指向圆心的力才行。

重物在竖直面上做圆周运动转到最高点的时候，重力起的作用是防止物体甩出去，就和公共汽车拐弯时扶手拉着我们的作用一样。在重力不够的时候，绳子还要帮忙，所以重力再也没有“余力”把重物或水从头顶上拉下来。

这就是穿梭环轨飞车不会从轨道的顶部掉下来的原因。一般来说，飞车的速度越大越安全。如果由于某种原因飞车的速度不够大，那就会发生问题。所以穿梭环轨飞车一定要精心设计，滑梯和高度、车轮和轨道之间的摩擦力等都要经过仔细的计算。

来！一起荡秋千

荡秋千在我国有悠久的历史。古时候，每逢寒食节（清明节前一天），皇宫里便竖起了高高的秋千架。嫔妃宫娥争着去玩荡秋千，丝衣花带随风飘荡。唐朝的唐玄宗皇帝曾经把荡秋千叫做“半仙戏”。确实这样，当秋千把你越送越高的时候，风在耳边鸣响，大地在脚下摇晃，真是有点飘然欲仙的感觉呢。

不会荡秋千的小朋友，在秋千上直挺挺地站着，全靠妈妈、爸爸来推，推一下，秋千荡一荡，不推了就越荡越低，最后停了下来。这是由于存在着摩擦。要让秋千越荡越高，就要不断给它输入能量。

会荡秋千的人，荡到高处时会突然下蹲使身体的重心下降加速秋千的下落；在摆到最低点时，你的身体又开始慢慢站立，同时两手用力地向外推荡绳，使荡绳弯曲，向下摆时荡绳变直。这些动作都会消耗人体的能量。荡到最低处时，人站起来重心升高，提高了重力势能（在秋千上站要比地面上多费一些力气，也就是说多付出一些能量），荡秋千的人在最高处突然下蹲，使一部分重力势能变为动能加快秋千的摆动。正是这些能量使秋千越荡越高。

下面的小实验可以帮助你从摆动的角度分析荡秋千：用一根线绳拴住一个大螺母，做成一个摆。摆长应超过一米，越长越好做。

摆线的一端不要固定，而是穿过一个固定在椅背上的圆环。线端抓在你的手中，让这个摆像一个秋千一样摆动起来。如果抓住绳端不动，过一会儿摆就会停下来。但是适当有规律地拉动绳端，可以让摆越摆越高。

经过几次失败以后，你会总结出一个规律：螺母摆到最低点的时候，要突然把手中的线头向下拉使摆线由长变短，摆到高处的时候，手中的线头要突然放松使摆线长度变大。只要配合得好，摆就会越摆越高。

从摆动的规律看，秋千是一个摆，摆长长，周期大，摆得慢；摆长短，摆动周期变小，摆动加快。秋千的摆长可以近似地从悬点到人体的重心计算，人在秋千板上站立时，重心高，摆长短；蹲下，重心低，摆长变长。在最低点，人突然站立使摆长突然减小，摆动加快。在从低处向高处荡过去时，人用手向外用力推荡绳，使它们向外弯曲，这个动作的效果也是使摆长变短，使秋千越荡越高。

气体、液体

你搬得动整个屋子里的空气吗?

在飞机刚刚发明的时候，飞机是一种非常稀罕的东西，飞行员无论走到哪里都受到人们的欢迎和尊重。一件东西只要飞行员用过就立即成为值得收藏的物品。

一天，一位飞行员到一个饭馆里用餐。他用过的餐具，被人抢购一空。一个有收藏癖的商人来晚了，他别出心裁，要买下这个屋子里的空气，因为那位飞行员在这里呼吸过。他想，空气没有多重，一个金币一千克也花不了多少钱。

那间小屋的空气有多重，是几克还是几千克？他能用一个手指头挑起来，还是得用肩膀才能扛得动？

当我们打开一个盒子，看见里面没有什么东西，就说盒子里是空的。我们把一杯水喝光了，就说杯子是空的。其实，这样说不准确，空了的盒子和杯子里都充满了空气。虽然我们看不到空气，但是绝不能认为空气根本不存在。空气和一切物质一样，占有空间，具有重量。

在一个玻璃缸或一个水盆里装上水，然后用一个杯口朝下的杯子向下按在水里，可以看到，只有少量的水能进到水杯里。是什么东西不让水进来呢？

是空气！空气占据了杯子里的空间。

用下面的小实验可以证明空气有重量：把两个气球吹得一样大，用绳子把口扎紧，不要漏气。把这两个气球拴在一根粗细均匀的直棒的两端，从中间吊起来，调正位置，使两端平衡。然后用针把其中的一个气球刺破，另一个气球会往下坠。为什么？

原因是气球瘪了，里面的空气跑了出去，变轻了。可见空气是有重量的。

怎样计算屋子里空气的重量呢？

在地面附近，1升的空气约1.2克。1立方分米是1升，相当于一个饭盒的容积。1立方米是1000升，那么1立方米的空气是1200克，也就是1.2千克。现在让我们来估算一下，那间屋子的体积有多大。假如它高3米，面积15平方米，那么屋子的容积就是45立方米。1立方米合1000升，所以酒馆里的空气是54千克。

这个结果你猜到了吗？一个屋子里的空气用一个手指头是挑不起来的。就是用肩膀来扛也是挺费劲的。那个商人用54个金币来买这些空气是吃了大亏了。

在地球上有厚厚的大气层，总的重量达5000万亿吨。

在肚子里作怪的泡泡

在炎热的夏天，能喝上一瓶冰镇汽水是再好也没有的事了。嘭的一声，打开一瓶汽水，泡沫立即从瓶口蹿出来，看着这些泡沫，我想到一个有趣的故事。

1825年到1842年，英国用了17年的时间开凿了世界上第一条过江隧道。长达459米的隧道从泰晤士河河底穿过，沟通了两岸的交通。隧道通车的时候，在隧道里举行了小型的宴会。人们用香槟酒互相祝贺。但是打开香槟酒瓶盖的时候,酒里的泡沫不像往常那样喷出来,酒也有点不够味。宴会结束时,喝了大量香槟酒的客人从隧道里走向地面的时候,突然感到肚子不舒服,喝进去的酒在肚子里像翻江倒海一样,外衣马上被肚子撑圆了,肚子里的气好像要从耳朵眼里钻出来。

一些聪明的人马上想到这是肚子里的香槟酒发作了,连忙又跑回隧道深处,肚子里的这场气体大爆炸才平息下来。肚子里面究竟发生了什么事情呢? 原来,香槟酒和汽水等清凉饮料中都溶解有大量的二氧化碳气体,二氧化碳在常温常压下是一种无色无味的气体。喝到肚子里,肠胃并不能吸收,所以又很快地从口腔里跑出来。

二氧化碳气体这一进一出在肠胃里兜了一个圈子,却带走了人体内部大量的热量,这就是喝汽水或香槟使人感到格外凉爽的原因。二氧化碳气体并不是很情愿地待在水里,在制造汽水或香槟酒的时候,人们必须对二

氧化碳加上很大的压力，因为压力越大，溶在水里的二氧化碳气体就越多，然后盖紧汽水的瓶盖封好，二氧化碳气体就被牢牢地关在里面了。打开瓶盖，压力骤然减小，二氧化碳气体会争先恐后地冲出来，夹带着汽水或酒形成了泡沫。在地面上打开瓶塞和在地下隧道中打开瓶塞的情况不同。因为地底下的大气压要比地面上的大一些，由于压力大，从香槟酒里跑出来的二氧化碳气体就要少一些，留在酒里的就会多一些。

所以在地下隧道里，喝了香槟的客人肚子里的酒中含有比正常时多的二氧化碳气体。待他们走到地面上的时候，由于气压减少，二氧化碳气体会从肚里的酒中争着往外跑，一时排不出去，自然把肚子撑得滚圆，胀肚使人非常难受。人们立即返回到地底下，气压重新增大，二氧化碳气体就不再继续往外跑，人就又能够忍受了。但是人也不能总待在地底下啊！最好的方法是极缓慢地从地底下走上来，好让二氧化碳气体逐渐排出去。

在人体的血液里也“住”着大量的气体，因为血液担负着输送氧气的重任。溶解在血液里的氧气和溶解在汽水里的二氧化碳气体一样，都和环境里的大气压力有关。当登山运动员登到高山之顶的时候，常常感到呼吸困难，那是因为高山上气压低，空气稀薄，致使溶解在血液里的氧气太少，不够用，必须加快呼吸的次数才行。因此登山运动员气喘吁吁，心跳加快，登山运动员差不多都要带着能补充氧气的氧气瓶。

如果人下到深海里就会遇到相反的问题，深海有很大的压力，为了不使潜水员的肺部被压瘪，必须让他呼吸高压的气体。这样血液由于处在高压下，所以溶解的气体比平时要多几倍。如果由于某种原因，潜水员突然从水底下升上来，他受到的水的压强迅速减小，血液里的气体也会像开了瓶塞的香槟酒那样，形成许多气泡跑出来，气泡会阻塞血管或其他的组织，甚至会使人的鼻子、耳朵以至眼睛都出血，非常痛苦，严重的还会导致生命危险。

所以，潜水员从深水升起的过程，应该十分缓慢，让血液里多溶进去的气体一点一点地从肺部排出去以后，再升出水面，这样就不会引起疾病。

万一由于事故，要立即升起，那么就必须立即把出水后的潜水员送进一个密封的屋里。这个小屋里的气压和海底下的压力一样大，潜水员吃、住都不能离开它。小屋里的气压由仪器控制慢慢下降，有时要经过一整天的工夫才能降到和海面上的普通气压一样，潜水员才被允许走出这间小屋子。在气压逐渐下降的过程中，潜水员在海底时血液中多溶进去的气体可以慢慢地从人的呼吸系统等排出去，不会损害人的健康。

相反，飞机飞到高空，由于大气稀薄，压力小，飞机舱内必须加压，以保持和地面的气压基本一致。宇宙飞船是在真空中飞行，但是舱内必须保持和地面的气压相同。所以宇宙飞船的舱体都是密不漏气的。如果宇宙飞船的船舱里突然漏气，宇航员又没有穿宇航服，就要引起危险。1971 年苏联宇宙飞船“联盟 11 号”在返回地球的时候，欢迎的人群纷纷拥向降落的飞船。但是三名宇航员无动于衷，端坐在驾驶台旁一动也不动，他们已经永远离开了人世。原来当飞船要进入地球大气层的时候，由于控制不当，飞船高速旋转，致使一个阀门的螺丝松了。舱内的空气不到两分钟就漏光了，没有穿宇航服的三位宇航员还没有搞清发生了什么事情，来不及采取任何保护措施，就因为缺氧而失去了知觉。最后由于身体内的血液和其他体液内的气体在迅速跑出时形成的气泡阻塞了循环，同时各种内脏中的气体迅速膨胀，也使人陷入极度的痛苦而最终失去了生命。

水盆为什么没有翻倒?

住集体宿舍时没有洗衣机，总是在院子里洗衣服。一个大洗衣盆，里面装满水和衣服，放在水池子的边上，弓腰弯背辛苦地洗着，还要时时防备水盆会翻倒洒一身水。

在洗衣服的时候，发现一个有趣的问题，就是当你把浸湿的衣服从盆的一边集中到靠近自己的这边时，总是担心水盆翻倒，但是什么事情也没有发生。

此事引起了我的兴趣，我用了一个大号洗衣盆盛上水进行实验，反复地来回拖动衣服，水盆却没有倾倒。但是，这个实验在盆里没有水的情况下，不成立。衣服的重量稍不平衡，盆就会翻落到地上。

不放水的盆就如一个杠杆，稍不平衡就会倾斜。盆里有了水就不一样。衣服漂浮在水里，对盆底的压力是通过水传递到盆底上。法国物理学家帕斯卡发现：外力压在密闭的液体上的压强，能够按着原来的大小，由液体向各个方向传递。所以衣服产生的压力由水均匀地传到盆底。盆底受到的压强是均匀的，并不因为衣服的位置而不同。所以，水盆不会翻倒。

三位科学家都答错的问题

一只装载着石块的船浮在游泳池中。船上有一人将石块抛入水中，池中水面的高度将发生怎样的变化？

在一次科学会议上，有人向盖莫夫博士、物理学家奥本海默和诺贝尔奖金获得者布洛赫提出了这个问题。他们三位由于没有仔细考虑都作出了错误的回答。

如果你也不能立即回答这个问题，可以用一个小实验来试一试：取一个玻璃杯当做游泳池，再用一个塑料小盒充当小船，在小盒里放一些石子，在盛水的玻璃杯里记下水位。然后把石子放到水里，再记下水位，比较一下，水位是升高了还是降低了。

下面，让我们用浮力定律来分析一下：浮力定律告诉我们，浸在液体中的物体受到的浮力等于物体所排开的液体的重量。

上述问题中，游泳池里水位的变化决定于船和石子两次排开水的体积。第一次是石头在船里，第二次是空船和落入水底石头分别排开水的和。如果两次排开的一样多，水位就不会变化，不一样水位就会变化。

怎样才能知道石头在船里和不在船里的排开水的数量呢?

这就要看两次的浮力:是石头在船里时受的浮力大还是抛入水里受的浮力大?

比较两次的浮力,石头装在船上,整个船受到的浮力较大,因为浮力等于船和石头重量之和。石头落入水中,说明石头受到的浮力小于它的重量。因此,我们可以得到结论是石头在船舱里时排开水的体积大,池水的水位较高,抛下石头后,池水的水位会下降。

这个结论和你的实验结果一样吗?

我不属秤砣

提起游泳,一些怕水的小朋友常说:“我是属秤砣的,到水里就沉底!”

人在水里,真的像秤砣吗?

其实,人和许多陆地上的动物是生来就会游泳的。在水边,猴和羊都有一点怕水,但是把它们扔到水里,它们都能游泳。近几年,国外有人试验,让刚出生8天的婴儿学游泳,用成年人或海豚在旁边保护着。婴儿进入水里后,会自动憋气,浮在水面上。我国古代也有过类似的事情。晋代学者张华著的《博物志》有这样一段记载:古代四川有一个少数民族,他们有一种风俗,如果婴儿是怀孕7个月出生的早产儿,婴儿刚一降生就要被扔到河里去“考验”,这个婴儿要是沉下去了,就丢弃,浮起来,就抚养成人。结果大多数婴儿是能浮起来的,他们就被抚养长大成人了。

怕水的心理是后天形成的。科学家曾经把小鸡交给鸭子,把小猫交给水貂养育,这些幼仔都能熟悉水性。

从物理学浮力的规律来看,怕水也是没有必要的。浮力定律说的是什么呢?

让我们做一个实验来说明:把一个薄塑料袋装满水封住口,放在水里,它会停留在水里的任何一个地方。因为在这种情况下,它受的浮力恰好和自身的重量相等。这个实验告诉我们:一个物体在水里受到的浮力等于它在水中排开水的重量。

如果用一个形状和塑料袋完全一样的物体完全浸入水中,受到的浮力也应该这样大,也就是说也等于一袋清水的重量。

人体组织中含有大量的水,许多部分还充满了空气,所以重量和同体积的水的重量比较,相差不多。在水里受到的浮力和体重差不多。有的时候受到的浮力还比体重大。这是为什么?难道人体的体重会变化吗?

人体的体重不会轻易变化,但是人体的体积是一个能改变的数。人在吸气的时候,肺部充满了空气,体积会变大,呼气的时候,体积又会变小。所以在水里游泳的人在吸气的时候,排开水的体积大,受到的浮力也会比体重大 1 ~ 2 千克，使人体上浮，身体的一部分露出水面。在游泳池里，我们会看到有的人能仰卧在水面上，鼻子和嘴露出水面，就是这个原因。在呼出气体的时候，受到的浮力会比体重小 1 ~ 2 千克，这就要靠手脚帮忙，因为手脚划动，可以从水里得到反推力，抵消使人体下沉的这部分重量。

所以，谁也不属秤砣，游泳人人都可以学会。学习游泳的关键是要尽量缩短浮力比体重小的阶段，也就是说，吐气要快，换气时间尽量短。吸足了气以后憋一会儿再吐出来，尽最大可能延长浮力大的那段时间，换气的时候，头不要抬得过高，头露出水面越多，浮力减少的就越多。相信你一定能成为游泳健将。

飘在头顶的石头

如果我对你说，在我们的头顶上飘浮着几千吨石头，你一定不相信。可实际上还远远不止这个数字，你知道吗？一次火山爆发可以把一千亿立方米的石头灰尘抛向空中，搅得天昏地暗。

同体积的石头比空气重 1500 倍，按照浮力定律，石头是绝对不会飘在空中的，但是石头灰尘却可以。石头灰尘是指极细小的石头颗粒，所以它的大部分成分和石头一样。你想看到这些细小的“石头”吗？当一束阳光照进一间较暗的屋子里的时候，你在那束阳光里可以看到一粒粒小颗粒在那里跳动，它们就是一些灰尘在空气中缓缓地飘来飘去，有时候慢慢下降，而一阵风又能使它们上升。

严格地说，石头飘在空中不是因为空气浮力，而是空气的阻力。把一片纸从高处扔下，然后再把这片纸攥成一个纸团扔下来，比较一下：纸片和纸团下落中，它们的速度是不是一样？我们会看到，纸片下落得很慢，而纸团下落得很快，原因是它们受到的空气阻力不同。

伟大的科学家牛顿童年时就对空气阻力进行过研究。后来，他得到的结论是：空气阻力跟运动物体的迎风面积有关，和物体的运动速度有关。下落的物体，迎风面积越大，受到的空气阻力越大。石头能飘在空中的原因：主要是因为石头变成灰尘以后，灰尘的总表面积比石头原来的表面积增加了成千上万倍，因此灰尘受到的空气阻力也会成千上万倍地增加，所以才能飘在空中。

你也许会想，灰尘越小表面积越小，怎么能说是增加了呢？应该考虑灰尘的总表面积。例如取一个长、宽和高都是1米的立方体，它的体积是1立方米。沿长、宽和高的中点切三刀，立方体就被分成8等分。8个小立方体合起来还是一个大立方体，它们的总体积没有发生变化。但是8个小立方体的总表面积要比一个大立方体的表面积大。因为原来包在大立方体里面的面在切成小立方体以后就变成外部的表面了。经过简单的计算可以知道，8个小立方体的总表面积是原来大立方体表面积的2倍，以此类推，如果把8个小立方体按同样的方法，每个再切为8个更小一点的立方体，那么这个大立方体就被分成为64个小立方体，它们的总表面积会比原来那个大立方体的总表面积增加4倍。

当一块石头变成100万个小灰尘的时候，它的总表面积大约要增加100倍，我们由此而知，它们受到的阻力也要相应地增加100倍。但是灰尘的总重量并没有增加，所以它们能在空中飘来飘去也就不必感到奇怪了，是不是？

空气的阻力常常是物体前进的障碍，但是也有有用的时候。跳伞运动就是巧妙地运用空气阻力的例子。尤其是花样跳伞，在电视里可以看到，跳伞运动员从飞机上跳下来以后，并不忙着马上打开降落伞，而是张着双臂在空中飞翔一段，他们穿着特别肥大的衣服，被风吹得鼓鼓的，这样他们就可以得到较大的空气阻力，有时手拉着手在空中围成一个大圈表演，就像一朵绚丽的花，然后又分成几个小圈，组成一幅美丽的图案，直到快接近地面的时候，他们才打开降落伞平稳地着陆。

这些表演使我们知道空气阻力和迎风面积的关系。跳伞运动员肥大的衣服使他们得到较大的空气阻力。运动员利用改变自己身体姿势来控制自己的下落速度。当跳伞运动员以平卧的姿势(不打开伞)下落时,空气阻力较大,速度为38米/秒,如果团着身子下降,空气阻力较小,速度为60~80米/秒,而直立着下降时,下落速度可以达到105米/秒。跳伞运动员只有熟练地改变身体姿势,调整下落速度,才能表演各种特技。

没有摔死的奇迹

要是有人告诉你,一个飞行员从几千米高的飞机上无伞跳下竟没有摔死,你可能会不相信。然而,这确实是一些真实的故事。

第二次世界大战中,一架袭击德国汉堡的英国轰炸机被击中起火。坐在飞机后座的机枪手阿尔奇默德,一时拿不到放在机舱前面的降落伞,又不愿意活活地被烧死,于是他果断地无伞跳出了机舱,人刚刚离开,飞机就爆炸了。这时飞机的高度是5500米。一分半钟以后,他就像一列高速急驶的列车以每小时200千米的速度飞快地向地面冲去。

当他从昏迷中醒来的时候,发现自己并没有摔死,只是皮肤被划破,有好多地方被挫伤,闻讯赶来的德国人也十分惊奇,他们对所有的数据进行了精确的测量。这真是一个奇迹,但不是唯一的。从飞机上无伞下落没有摔死的事例很多。《北京晚报》也登载过幼童从四楼窗口跌下来没有摔死的报道。

一只瓷碗从桌面上掉在水泥地面上,肯定摔得粉碎,但是落在木板地上,却常常可以幸免。如果落在沙土地上,就肯定摔不坏,为什么有这样不同的结果呢?破碎的瓷碗肯定受到了更大的冲击力。从同样高度落下的瓷碗落到地面上的时候,它们的速度是一样的,为什么撞在不同的地面上受力不同呢?

你会回答,沙土地有缓冲。对!这是我们的经验。但是,应该从物理的原理上说得更清楚一些。

物体运动起来，物理学上称为物体有动量。

动量=质量×速度

物体的质量越大动量越大，速度越大动量也越大。动量越大的物体停止下来越困难。一辆重载的列车即使速度很慢也比一个高速运动的皮球可怕。停下一个物体不仅需要力还需要时间，如果让同样一个运动的物体停下来，时间延长一倍，冲力就减少一半。所以引入一个冲量的概念：

冲量=力×时间

动量和冲量之间有一个简单的关系：

冲量=动量的变化

从一定高度落下的瓷碗下落到地面时动量是一定的，让它停下来所需要的冲量也是一定的。记住冲量是力和时间的乘积。瓷碗跟不同的地面相碰的时候，冲击时间大不相同：和硬的水泥地面碰撞时间只有千分之几秒，而和沙土相碰时，时间可以延长到十分之几秒，这就是说冲击时间延长了上百倍，冲击力也就减少到只有百分之一或百分之几，这就是碗在沙土地上没有被摔坏的原因。

阿尔奇默德下落时幸运地掉在了松树丛林里，而离他不远就是开阔的平原。他先在松树丛上砸了一下，然后掉在积雪很深的雪地上，把松软的积雪砸了一个一米多深的坑。这样一来，阿尔奇默德和地面碰撞的时间被延缓了上千倍，冲力也大大减少，减少到只有千分之几。当然也还有一个原因，他受到空气阻力的保护，如果没有空气阻力，从5500米高的地方落下，落地时的速度要达到每小时180千米左右，而空气的阻力使他的落地速度大大减少，这也是产生奇迹的原因。

这样一分析，我们就会发现，许多没摔死的奇迹都有它的道理。那个从四楼上摔下的小孩，由于恰好落在地下室窗口的铁篦子上，铁条被砸弯了，有弹性的铁篦子延长了小孩落地的时间，使小孩保全了生命。

学会摔跤

人在山崖上行走总是特别小心,万一掉下来可就不得了。有的人从两米高的地方摔到水泥地上,就摔断了踝骨。

所以,要学会摔跟头。为了抢救一个即将落地的险球,排球运动员在扑球时,总是顺势来一个滚翻。在训练一个排球运动员时,教练要花相当多的精力教他如何摔跟头。原来,摔跟头也是一项运动技巧。人在倒地的一瞬间,由于触地的速度很快,与地面的冲撞就很厉害。触地部位受到的冲击力很大,受伤的可能性也就很大。

人在摔倒的时候,习惯先触地的是手指、手掌,再用胳膊硬撑,全身的冲击力全落在了人体最脆弱的部位,极易造成手指、手臂骨折或手腕脱臼。在同样的情况下,一个训练有素的运动员在倒地时,会主动地低头、缩臂,在短时间内,把身体缩成一个球形,让比较结实的肩或背触地,同时再做一个巧妙的滚翻,这样一来,不仅加大了与地的接触面积,减小了对人体的冲击压强,分散了受力的部位,还能延长与地的作用时间,减小与地的冲力,同时又能很容易地在短时间内站立起来,及时恢复原来的平衡姿势,这真是最佳摔跟头方案。如果你能在日常生活中使用,一定会减少不必要的伤害。

喜欢跳水的同学都知道,入水的姿势是否正确非常重要,如果落到水面时腹部拍水,那是十分危险的,因为水柔中有刚,大面积拍下来,水来不及流动,会以很大的力量冲击腹部,即使只是从5米高的跳台上跳下来,也是有危险的。如果入水姿势正确,人体进入水中要经过一个较长的时间才会停下来,虽然入水时速度可能接近每小时100千米,也丝毫没有不适的感觉。

所以,缓冲是十分重要的。在美国曾有一架飞机撞坏了纽约市一幢办公大楼的电梯的缆绳，电梯的吊舱从十六层楼跌落下来，而里面唯一的一名乘客竟然没有丧命，原因是设计电梯的工程师在吊舱底下安装了一个减震弹簧，大大延长了和地面冲击的时间。

在水面上奔跑

小时候，几个小朋友来到水塘旁，总忘不了进行一次打水漂的比赛。打水漂要选薄而平的石片或瓦片，贴着水面用力将石片抛出去。石片在平静的水面上一次又一次地弹起，蹦着向前进，激起一片涟漪。“一、二、三……”如果石片能在水面上跳跃四五次，就会引起一阵欢呼。几乎每个人都在儿时迷上过这种游戏。玻尔在成为著名的原子物理学家以后，还经常和他的学生在一起玩打水漂的游戏。

从浮力定律知道，石头不会漂在水面上，为什么能贴着水面向前跳呢？

我们知道，有一种水鸟是可以在水面奔跑的。不过它是借助于水面的浮萍，鸟的脚爪分得很开，从一片浮萍的叶子跳到另一片叶子上，但是不能久留，因为只要稍稍停留几秒钟，叶子就会下沉，水鸟也就只好泅水而行了。

在刚刚开始解冻的冰河里，一些勇敢的人可以踩着浮冰过河。当然他尽量挑选大块的冰，这些冰块可以承受他的重量。不过当他从一大块冰跳到另一大块冰上的时候，中间也常常借助于一块较小的冰，这块小冰虽然不足以浮起他，但是踩一下马上就离开还是可行的。

这个道理和打水漂类似，都是借助水的阻力。水有流动性，看起来很柔，但是迅速打击它，水来不及流动就会产生极大的阻力。把你的手掌静放在水面上，随着手掌向下缓缓地没入水中，你不会感受到水的阻力，只是浮力越来越大。如果你用手掌自上而下向水面猛击，因为水来不及流动又很难被压缩，你会发现水给手掌的反作用力很大，这个反作用力远比它给手掌的浮力大得多，它会阻止手掌进入到水中。如果极迅速地推动“一块”水，我们就可以从水那儿得到很大的反作用力，推得越迅速，推动的水面积越大，得到的反作用力也越大。所以过河人踏在小冰块上的动作必须十分迅速，在“水块”还没有明显移动的时候就离开它。

抛出去的石片以很快的速度运动，当它落到水面上的时候，就从水面得到很大的反作用力，这股反作用力能推动石片，在它还没有来得及下沉以前又跳到另一个地方。

这便是滑水运动的原理，滑水使人类实现了在水面“行走”的梦想。第一个在水面上“行走”的是美国的一位 18 岁的青年塞缪尔森。1922 年 6 月 29 日，在佩平湖面上，塞缪尔森穿着自制的滑水板轻快地掠过湖面，40 年以后，滑水运动风靡世界。

塞缪尔森是在滑雪运动中产生滑水的幻想。他试用过各种型号的滑雪板在水面上滑行，都失败了。最后他发现，滑水板应该比滑雪板做得更宽一些，他用松木板制成了一个 8 英尺长 9 英寸宽（约 2.44 米长，0.23 米宽）的滑水板，这次终于成功了。后来又异想天开地在一架时速为 80 英里的飞机拖动下滑水。这场“找死的”表演轰动了全城。如今在佩平湖畔竖立着一座纪念碑，以纪念这位把幻想变为现实的勇敢者。

当游艇拖曳着滑水运动员时，他的身体向后倾斜，利用脚下的滑水板向前沿斜下方向前蹬水，使他得到一个斜向上的反作用，它一方面使运动员不下沉，一方面又阻碍运动员前进，在游艇的拖曳下，拖曳力克服了阻力，使得滑水运动员能站在水面不仅不下沉，还能高速前进了。滑水看起来悬，但实际上并不危险。塞缪尔森有一次滑水不慎脱落了一只滑水板，但是他发现一只脚也照样能滑。现在滑水运动已经很普及，滑水花样翻新，甚至四五岁的小孩也去滑水。

冲浪是一种看起来更有趣的滑水运动。令人奇怪的是，冲浪运动员没有汽艇的拖曳，为什么也不会下沉呢？冲浪运动员的速度来源于海浪。冲浪运动员像坐滑梯一样从一个浪尖上滑下来，再冲到另一个浪尖。冲浪运动必须在海浪较大的地区开展，运动员必须不断地追逐着海浪前进才行。

第二次世界大战时，一个英国工程师曾经用打水漂的原理去轰炸德国法西斯海岸的军事设施。当时，因为有高射炮的保护，英国的轰炸机不能接近德国海岸。这位工程师设计了一种圆柱形的炸弹，炸弹投下的时候是绕着竖直轴高速旋转的，就像我们打水漂的时候抛出的旋转石片那样。这种炸弹在水面上一蹦一蹦地向堤坝跑去，遇到岸边的堤坝就沉到水里，完成了对海岸军事设施的轰炸任务。

雨中的花伞

下雨了，街上的人撑开了各种雨伞给灰蒙蒙的街景添了一些情趣，红的、绿的，各种花色的雨伞下面罩着匆匆行走的人群。也有粗心忘记带雨伞的，被淋湿的衣服紧紧地贴在身上。

在雨中行走的你也许会产生一个问题：同是一块布，撑起来制成雨伞可以避雨，做成衣服却不能挡雨，这是为什么？

这的确是一个十分有趣的问题。为了彻底了解其中的道理，让我们取一块密实的布来观察一下。布无论多么致密都是用棉纱织成的，棉纱之间有缝隙，为什么能挡住水呢？现在把布绷紧，滴上一些水。在滴水的地方布面湿了一片，但是没有水滴下去。仔细观察你会发现，滴在布上的水，一部分附在纱线的周围，在纱线的上下形成一层水膜。秘密全在这层水膜上，是它像一堵墙一样把雨水挡住了。

平时，我们认为水是到处流动、无孔不入的。怎么也会形成一层膜呢？下面让我们用放大镜来观察，就会发现这层水膜是不平的，水膜紧紧地包住棉线，微微向上凸起，在两根棉线的中间水膜在重力的作用下向下凹陷，像一张绷紧的橡皮膜。只是没有橡皮那样结实。

这个实验也可以用细密的铁窗纱来做。用熔化的蜡或油涂在窗纱上，这样处理过的窗纱透气但不透水，用这种窗纱做成一个盒子状的容器能盛水，这个实验叫筛子盛水。

水确实可以形成一层膜，这是分子引力造成的，如果仔细观察到处都能发现水膜的存在。倒一些水在一个碗里，水的表面就有一个膜，这个膜虽然不很结实但是可以托住一根钢针，不信可以试试。做这个实验要有一点技巧，不能直接把钢针放在水面上，这样钢针会刺破水膜。应先用一张薄纸托住钢针慢慢地放在水面上，开始纸片会漂在水面上，过一会儿，浸湿了的纸片会慢慢地沉到水底，钢针就会漂在水面上。用同样的办法也可以把一个硬币浮在水面上。

物理学上把这种现象称为表面张力现象，它是水分子引力形成的。如果在水里加一点肥皂水和一点糖，我们就可以用吸管吹出一个大肥皂泡，这是一个比较结实的水膜。当然调肥皂水是一个技术，肥皂水的浓度和糖的多少要试几次，最后你就会变成一个专家，吹出大而结实的肥皂泡。

调好的肥皂水还可以做许多有关表面张力的实验来研究水膜的特性。我们来做其中一个最简单的实验：用一根有塑料皮的电线弯成一个圆形的圈，在圆圈的直径上拴一根棉线，棉线不要绷紧，要松松的。把电线浸入肥皂水里取出来后，圆圈上就形成一个肥皂膜，棉线在其中把肥皂膜分成两半。现在用针把其中的一半扎破，你会发现另一半肥皂膜就会立即收缩把松弛的棉线绷紧。这个实验进一步说明水膜像一个橡皮膜，只是不太结实。

你知道水滴的形状吗？在太空中完全没有重力的地方，水滴的形状可以是一个完美的球形，这些都是水的表面张力造成的。如果你注意观察，还会发现许多和水的表面张力有关的现象。

能飞的汽车

塞车是城市交通的癌症，当你的汽车夹在无数汽车中间，既不能前进又不能后退的时候，你真想长一对翅膀赶快飞离这个地方。所以许多人幻想设计一种能飞的汽车。

可以把汽车设计成直升机，但是螺旋桨太占地方，用气球升空，街道上方的障碍物也太多。

根据物理原理可以提出这样一个设想：就是在汽车的下面装两个能迅速旋转的圆筒。当圆筒高速旋转时，汽车就会腾空而起。有这样的汽车就不必担心道路的好坏。如果遇有江河、沼泽地，只要开动圆筒，汽车就可以飞越过去。

其实，这也不是什么新鲜想法。1922 年，德国科学家弗立特涅尔首先提出用转筒来代替船帆。他改装了一艘大帆船，用两个高 18.5 米，直径 2.8 米的转塔来代替风帆。当然，船的航向应该和风向有一个合适的角度才行。1925 年，一艘这样的船只靠着两个巨大的转筒驱动横渡大西洋成功，船速是 5 米/秒。美国宇航局曾经试验，在飞机的机翼下面装上高速旋转的圆筒，可以提高飞机的升力。这样的飞机可以拔地而起，不需要飞机场。

为什么旋转着的圆筒能产生推力呢？

运动场上的旋转球会给我们一些启发：打排球发上旋球，这种球发出去以后，飞得挺高，似乎要出界，给人一个错觉。但是越过球网后突然下降，使对方措手不及。棒球手也会投出令对手生畏的旋转球，使对方无法预测球的运动轨迹。原因是因为球的旋转，受到一个横向的力。

你可以做一个小实验,亲自验证一下。把两张薄纸条按在嘴边,让它们并排地垂下来,用嘴轻轻地向下吹气,使气流从两张纸条之间通过,你会发现,气流不但没有把两张纸条吹开,反而使它们吸在了一起。这是由于两张纸条之间的气流速度比外侧的快。根据流体力学的伯努利定律,气流的速度增大压强减小。纸条外侧的气流速度低压强大。如果球向前旋转,球下面的气流速度比上方大,压强比上方小,所以排球受到向下的压力。如果反过来旋转,就受到向上的力。圆筒的旋转同样会受到垂直圆筒的压力,这个力量可以完成我们上面做的实验。

搅动茶水引起的思考

一个小朋友在搅动茶水的时候发现,茶叶总是向水杯的中央偏下部集中,他闹不清楚原因何在,就写了一封信给《我们爱科学》杂志问:"按说,茶叶也应该甩到杯壁上才对,为什么会集中到杯底的中心呢?"

旋转起来的东西有向外甩的趋势,如果在一个空杯子里放一个小球,迅速地旋转,小球会被甩到杯壁上。因为,小球做圆周运动需要向心力。侧壁对小球的压力产生的向心力使小球做圆周运动。

一个容器里装满液体,放在一个旋转台上迅速旋转,容器里的液面会形成一个抛物面,靠近容器壁液面被甩得高起来,中心凹下去。天文学家用旋转的水银抛物面制成天文望远镜观测天体,效果很好。

不过,搅动茶水和上述液体的整体转动有些不同,茶水不是整体转动,由于摩擦力的存在,茶水各个部分的旋转速度不同,因此涉及黏滞性液体的一些性质。英国科学家泰勒曾研究了两个同轴圆筒转速不同时圆筒间的液体流动情况。他发现液体内部会出现对流现象,称为泰勒二次流。用二次流可以解释茶叶集中到茶杯的中心偏下部的原因。

茶水旋转时,每一块水都需要向心力,向心力的来源是液体之间的压强。静止的液体，同一水平面上的压强是相等的，旋转时靠近中心跟靠近杯壁茶水之间存在压强差，外面大，里面小，其压力差供给向心力。转速越大外面的压强越大。

茶水在茶杯里的转动上下的转动速度不一致，下面慢一些，原因是底部的茶水与杯底有摩擦力。如果把茶水分成上下两部分来分析：上部水旋转速度大，需要的向心力大，相应的压强大，下部因旋转速度小相应的压强小。这个压强差会引起流动。所以上部的水块会一面做圆周运动一面沿着半径方向靠近杯壁向下流动，流下来的茶水需要补充，于是形成了对流。补充的水流是从杯底沿着半径向中心上升流动。这种对流和热对流类似但本质不同，它是液体黏滞性造成的二次流。是二次流带动了茶叶使它积聚在茶杯的中心偏下。

精确地研究二次流是一个复杂的数学问题，但是二次流的现象是很常见的。

浙江的一所大学发明了用旋转的办法使工业废水里的悬浮物集中到中心，在中心安装一个收集污染物的吸管收集，这种净化设备是一种构思巧妙简单有效的办法。

下过雨后，我们在松软的泥土地上看到雨水流过的轨迹弯弯曲曲，就像蜿蜒曲折的河流，水流为什么不走直线呢？其实，开始水流是直的，在遇到障碍时会拐一小弯。但是，一旦有一个小弯，这个弯就会不断加大。其中一个重要的原因跟二次水流有关，可以用搅茶水的道理来说明白。水流拐弯可以看成水流做圆周运动，这跟茶水的转动原理是一样的。二次水流沿着河岸自上而下地冲刷，冲下的泥沙，就像杯中的茶叶一样带到离岸有一定距离的略靠下游的地方沉积下来，形成浅滩。原来一条比较平直的小河，只要开始有微小的拐弯，它就会不断地沉积，形成弯弯曲曲的河流。这也是二次流的一个应用。

风筝的新功能

蓝蓝的天上,飘着一叶白帆,帆儿拖着一条船……

这是一个童话,还是一个梦?

也许这曾经是一个梦想,然而现在用风筝在海上运输中做帆已经实现了。这是英国年轻科学家的新发明——风筝帆。世界上第一艘重10吨的风筝帆船已经胜利地越过英吉利海峡。科学家们相信,10年以后万吨远洋轮船上也一定会装上风筝帆。

自古以来,风筝就是人们新奇发明思想的源泉,远在两千多年前,我国就有风筝,不过不是玩具而是军事上的运输工具。木制的大风筝又叫木鸢(yuān),可以载人载物飞越天险。风筝在科学上也有许多贡献,美国科学家富兰克林曾经用风筝研究过天空的雷电。在气球发明以前,风筝是科学家探测高空的唯一工具。

风筝是现代飞行器的始祖。风筝的飞行原理对飞机的出现肯定有启发。风筝总要迎着风飞,而且风筝的脸总是斜向下面,这两点是风筝能飞起来的关键。当风吹过风筝的时候，气流分成两股，分别从风筝的上下流过，然后在风筝后面汇合，两股气流走过的路程不一样长。比较风筝上面和下面流过的气流，上面的气流需要绕过风筝，所以多走了一段路，因此上部气流相对跑得快一些，也就是说风筝上部分气流比下部分气流跑得快一些。这跟吹纸条的实验道理一样，风筝受到向上的举力。

在风筝的下边加一些纸条做穗可以使风筝的重心向下调整。这样一来，当风筝倾斜以后，重力就可能使它恢复到原来的方位，除了重心对风筝的平衡有影响以外，它的形状、各部分的比例以及风向都是不可忽视的因素。

风筝帆就要做得更讲究了，全部用电子计算机控制，海面上没有风的时候，高空常常是有风的，而且高空的风速很大。如果把高空的风和海面风比较，高空的风推力常要大一倍多。另外高空的风向常常和海面风向不同，而且不同高度的风向也不同。海面上的风如果和航向相反，也许高空的风向正好和航向相同。船上安装有先进的雷达，能测出各个高度的风速和风向，通过计算机计算出一个最合适的高度，让风筝在这个高度上迎风飞翔拖动船只。所以风筝帆比传统帆要机动灵活得多。

风筝帆的拉线可以直接拴在甲板上，省去了甲板上的桅杆。暴风雨来临的时候，粗大的桅杆因为招风，所以也很危险。在电影里，我们不是常常看到，水手为了避免翻船，在暴风雨里不得不忍痛砍倒船上的木桅杆吗？风筝帆省去桅杆，降低了船的重心，也是一个优点。当然，暴风雨来临的时候，还是应该把风筝收到甲板上来。

在无风的情况下，怎样才能把巨大的风筝放到天上去呢？你也许想到了气球，科学家设计了一种塑料大风筝，里面灌满了比空气轻又不会燃烧的氦气，这种巨型风筝在无风的条件下也能自己升上高空，风筝上装置相当于风筝的“眼睛”和“耳朵”的传感器把高空的情况传送下来给计算机，经过计算机的计算，就能自动地控制风筝的飞行高度和飞行姿态，产生最大的推力。

自从美国工程师富尔敦发明了蒸汽机做动力的轮船以后，远洋运输中就再也没有人使用古老的帆船了。但是近年来，地球上的燃料越来越紧张，价格也越来越贵。人们又想起干净、节能的帆船来了。雷达、遥控技术的发展像新鲜血液一样使古老的帆船又获新生。

地面效应

一张纸片从高空落下来，接近地面时会在地表面滑行，飘来飘去。这个简单的现象称为地面效应。

早在20世纪初，飞行员们就发现，在飞机着陆过程中，当飞机高度与机翼舷长接近时，就会出现另外一种升力，使飞机变得飘飘然。二战期间，一位美国的飞行员驾驶的飞机燃料殆尽，他就是靠着这种地面效应贴近海面飞行，终于飞回了基地。这种机体底部与地表之间形成的高压空气，被称为附加升力，它能使运载工具升离水面或地面。于是科学家们利用这种“地表效应”研制了地效飞行器。

1965年，美国的间谍卫星在里海拍摄到了一组照片，照片上是一个类似飞机的庞然大物悬浮在海面上。当时这一情况曾引起美方的高度重视，美国中央情报局投入了大量的人力物力进行侦察。

原来，这就是世界上第一架地效飞行器，当时正在进行飞行试验。地效飞行器全称是地面效应飞行器。

前苏联的地效飞行器研制工作是在高度保密状态下进行的。当时工作人员甚至连“地效飞行器”这个词都禁止使用。因在造船厂组装，所以只准许称其为“样船”，其缩写是“KM”。所以美国人将“KM”误解为“里海怪物”，并且多年来一直沿用这个名称。

随着这项技术的不断发展，专家们逐渐达成共识：地效飞行器作为新型交通工具，具有飞行速度快（时速可达500千米）、无高空事故的危险、无需机场和跑道、飞行平稳舒适等特点，可广泛应用于江河湖海和草原平地从事运输。如果用于海军，还可以免受鱼雷和水雷的威胁。

我国自行开发的第一代实用型“地效飞行器”将投放市场。地效飞行器全机长16米，宽9.8米，飞行速度每小时200千米，可连续飞行400千米。

地效飞行器被公认为是21世纪理想的交通工具。它能适应各种气候条件，既可在海上、河流上飞驶，轻松地越过数米高的大浪或水坝，也不需要船舶航行的深水航道，它不用跑道就能随时起降，不用泊靠码头。最让旅行者放心的是它的安全性，一旦发生意外它不会坠毁，只要从1米到5米的低空飞行状态落到地面或像船一样航行到岸边。

人们设想，在世界四大洋的范围之内，只设置5个地效飞行器基地，就足以保证活跃在各大洋航线上的过往船只、分布在各海区作业的渔船以及石油钻井平台，在遇险时都能得到有效的救助。

地效飞行器还可以用于开发空中发射航天器的项目。在飞行过程中能够从上面发射重达500吨的航天飞机。更重要的是，还能在海面上接收完成任务返回的航天飞机。

有趣的是日本科学家已经把这种地面效应应用到悬浮列车上，列车开始以车轮行驶，达到一定速度后转为悬浮，其原理和磁悬浮不同。这种悬浮列车非常节约能源，时速可达500千米，只靠太阳能和风力等能源就能行驶。目前长8米、宽3.2米的试验车，成功地进行了时速50千米的悬浮行驶。

热 学

无形的“精灵”

在希腊的神话故事里常有一个来去无踪的人物，叫做精灵。他好做善事，帮助穷苦的人解除痛苦，但有的时候也会来点恶作剧，让人做噩梦或生病。

在我们的生活中，确实有一个无形的“精灵”。无论是白天还是黑夜，他都伴在你的身旁；无论是高山还是大海，处处都有它的踪影。

清晨，当你推开窗户的时候，他悄悄地赶走闷热污浊的空气，送来凉爽新鲜的清风；当你烟熏火燎地点炉子的时候，它“奋不顾身”钻进煤炉中把煤炭吹得通红；煮汤的时候，它殷勤地搅拌着汤水，加快沸腾的速度；放风筝的时候，它又竭尽全力把你的风筝送上蓝天。

当然，他绝不是神话中的那种小精灵，而是地球上无所不在，在物理学上称为“对流”的现象。

对流现象我们可以感觉到，但又不容易实际观察到。下面这个小实验，可以帮助你看到一幅壮观的如火山爆发般的液体对流图景。所以我们把这个实验叫做“水下火山”。

做这个实验要有一个盛冷水的大口瓶，一个玻璃鱼缸也可以。将一些热水灌到一只小瓶里，再滴进几滴红墨水。瓶口上系一根绳子，提着绳头小心地把小瓶沉到冷水容器里，注意不要搅动周围的水。过一会儿便可以看到小瓶里的红墨水像火山爆发一样从小瓶的瓶口涌出，一直上升到水面，在上升过程中，热的红墨水渐渐变凉，所以又从两侧下沉，非常美丽。

这个实验帮助我们清楚地看到液体冷热对流的路径。对流发生在气体或液体等流动的物体之中。被加热了的气体或液体，体积膨胀，密度变小，变轻了，就会浮起来，冷空气密度大，比较沉，就会跑过来补充，这就是对流现象。

在大气里也发生着和上述实验类似的对流过程。自然界中的许多现象和空气的对流密切相关。无论是凉爽宜人的微风，还是破坏性的风暴，无论是蓝天上的朵朵白云，还是惊心动魄的电闪雷鸣，都是对流这个“精灵”制造形成的。

在海洋里，海水的对流把大量的有机物质从海底送到洋面上，养育了大量浮游生物，浮游生物又为小鱼小虾提供了食物，小鱼小虾又为更大的鱼提供了食物。所以是对流维持着海洋生物的食物链，使海洋充满了生机。

于是我们知道，地球离不开对流这个善良的“精灵”。没有对流，地球将会变成一个死寂的星球。

不会散失的热

云南有一种著名的小吃叫做“过桥米线”。吃的时候，服务员先端上一碗汤，上面漂着厚厚一层油。随后送上一盘切得很薄的生肉片。汤看上去似乎并不太热，但是，你绝对不能端起来就喝。因为生肉片放进去，居然能在汤里涮熟。吃过涮肉片以后，主食是放在盘子里的熟米线，就是用米粉做的极细的粉丝。把米线放在汤里一烫，吃起来也是热乎乎的。

关于“过桥米线”有许多传说。我们关心的倒是它的物理原理：过桥米线的关键是那碗热汤，汤为什么凉得这么慢？

你也许会认为碗的保温性能好，碗是敞开的，并无保温性能。秘密是汤表面漂着的那厚厚一层油。汤上的一层油的保温作用甚至比加一个密封的碗盖作用还强。老人都有这样的经验，在炖肉的时候，表面厚厚的油层会使肉更容易炖烂。

从对流的角度分析一碗汤变凉，主要是由于表面水分的蒸发，蒸发能带走大量的热，上面一层汤凉了沉下去，下面热的再浮上来，这种对流加速了散热过程。如果是一碗油汤情况就不一样，油很轻总是漂在水面上，即使凉了也仍然漂在上面，所以可以阻碍对流现象，碗底下的热汤总没有机会浮到表面把热散掉，这就是油汤比普通的汤凉得慢的原因。

我们对这个问题感兴趣的原因是在工业上的应用。目前这种原理已经应用到收集太阳能上。太阳每天给地球带来大量的光和热，如果把其中的万分之一利用起来，全世界现有的发电站就不需要工作了。可是目前的太阳能除了被植物吸收利用掉千分之一以外，几乎全部散失掉了。怎样才能把太阳的热量利用起来呢？办法是想了不少，只是建造设备花钱太多，因此没能广泛推广。最近，科学家发明了一种价格比较便宜的太阳池发电方法。什么是太阳池发电呢？

水可以吸收太阳光的热量，但是对流又不断地把热散失在空中。计算表明，如果设法让太阳热能只进不出，池水的温度可以达到100℃。但是怎样才能保温呢？在池面上盖上一层玻璃？这样不仅花费太大而且效果不好，就像在一碗汤上加一个盖一样也不能做到完全保温。

你也许会想到了，在水池的表面洒上一层厚厚的油，像"过桥米线"的油汤，好不好呢？这个思路是对的，但是用油成本高，而且很容易变脏，使太阳光透不过去。因此，需要找到一种透明的、又能浮在水面上的东西，还得来源丰富价格便宜才行。

工程师想到了水，淡水能浮在盐水的上面，根据这个道理设计的水池叫太阳池。池的下面盛上浓盐水，上层是淡水。阳光透过淡水把下面的盐水晒热。由于盐水浓稠，比淡水重，即使受热膨胀稍稍变轻，也不会浮到淡水的上面把热散失掉。所以下层盐水中所吸收的太阳的热量可以越积越多，而且池子愈深积热的效果越好。在池底安装上循环管道，就可以把底下的热引上来向屋子里供暖。把一个密封的锅沉到池底，不一会儿就可以把米饭焖熟。

一个篮球场那么大、深10米的太阳池，就可以代替暖气锅炉向50～100平方米住户供暖。

建造太阳池比较便宜，但是要选择有大量的盐水和淡水的地方。以色列科学家看准了死海这个好地方。死海位于沙漠的边缘，每年水分蒸发得很快，但是流入的淡水很少，死海的海水里含盐量越来越高。由于海水的密度很大，游泳的人可以漂在水面上不沉。所以用死海的海水作为太阳池下层的盐水是很理想的。

但是这个地方的淡水却像油一样宝贵，缺了淡水太阳池也是做不成的。于是科学家又想到普通的海水，虽然也含有盐但是比起死海的海水要轻得多，仍然可以漂浮在死海海水的上面。于是问题全解决了，他们用这种方法建成了一座发电量为5000千瓦的太阳池发电站。

含1千克盐的盐水可以发的电相当于燃烧1千克煤所发的电，不同的是，发电以后，煤是烧掉了，污染了空气，而盐水还可以重复使用。所以太阳池发电是一种很有前途的方法。

寻找没有对流的地方

人类虽然从对流现象中得到许多益处，但是有的科学家却非常讨厌对流，他们梦想着一个没有对流的世界。在这个世界中也许煮不出鲜美的汤，但是对于科学研究来说却十分有价值。

对流扰乱科学家的工作。例如，在制药工业中，困难是在药物的提纯上，最难排除的杂质是那些和药物分子极其相似的分子。它们是如此的类似，以至用化学的方法不能分离。所以经常采用电泳的办法。

什么是电泳？顾名思义是让要分离的材料在电场里“游泳”。在电场力的作用下，药物分子和杂质分子一起向电极“游”去。在这场“游泳”比赛中，由于两者的差别，其运动速度不同，经过一段时间距离就拉开了，看来这种分离也不是很难。但是问题并不是这样简单。对流产生的“急流和险滩”会大大延缓过程的进行。然而成千上万的人正在等待着这些救命的药物。

再说说制造电子计算机中的问题，电子计算机需要高质量的半导体器件，但是生产过程中废品率往往高达50%～98%。这不是工人干得过于马虎，而是对半导体材料的要求太高。例如在制作半导体器件以前，先要生产半导体晶体。半导体的生产过程中要把一种杂质均匀地掺到纯净的硅单晶里，也是因为对流的存在，使废品率加大。

什么地方没有对流呢？

在地球上几乎没有方法消灭对流。因为产生对流的一个重要原因是重力的存在。有重有轻就会产生对流。随着航天技术的发展，科学家想到太空环境中只有微重力，几乎没有重力，所以也就消除了对流现象。

由于太空环境是微重力环境，药物的提纯速度比地面上可以提高400~800倍，纯度提高5倍。在太空中一个月提纯的药物相当于地面上的40年。另外太空中无菌、高真空、强辐射等地球上无法同时实现的特殊条件，对制药也提供了得天独厚的环境。因此在太空中可以制造地球上难以大量生产的贵重药品。人们已经在太空进行了实验，并准备建立大型的制药厂。

在地球上从肾细胞中分离尿激酶的成本很高，这是一种治疗心脑血管病的特效药。美国每年所耗用的尿激酶的总价值达10亿美元。如在太空生产，尿激酶的价格只是原来的十分之一。预计从2000年到2010年间，美国太空生产的药品产值将达到美国医药市场的25%。美国在太空中已成功地生产干扰素。这是一种治疗病毒感染和癌症的贵重药品。

现在在太空中已经试制出了完全没有缺陷的半导体晶体。另外还制出了许多在地球重力环境下不可想象的新型材料。例如，在地球上两种轻重不同的金属熔融后是绝对不能均匀地混合在一起的，总是轻的漂在重的上面。但是在太空里由于没有重力，轻重不分，所以能把它们均匀地掺合起来制成一种有超级强度的合金材料。在太空里还可以制出能漂在水面上的泡沫钢板，这也是因为没有重力，气泡不会在钢水里上浮。泡沫钢板既坚固又轻巧，是一种新型的建筑材料。类似的产品很多，有的中学生曾建议在太空上把石蜡和钢铁混在一起，你能提出一项好的建议吗？

两种冷却效果一样吗？

如果我们急于喝一杯奶茶，可以先将滚烫的热茶冷5分钟，然后加一匙冷牛奶；或者先将一匙冷牛奶加进热茶中，然后冷却5分钟。哪一种方法的冷却效果好呢？

有人说："既然原先热茶的温度是确定的，质量也是确定的，要使它冷到和室温相同，需放出的热量就是完全确定的。所以，不管先放牛奶，还是后放牛奶，5 分钟后奶茶的温度应该一样。”

他说得对吗？

这种说法是不对的，事实上，物体的温度与周围的环境温度相差越大，物体散热就越快，即导热率跟环境的温度差成正比。温度差越大在相同的时间中传给周围环境的热量越多。所以，在上述问题中，先将热茶冷却 5 分钟，然后加冷牛奶，其效果要比先加冷牛奶，后冷却 5 分钟要快。

火中取栗

司马南在《伪气功揭秘》里揭示了“入火不焦”的魔术。对于这种魔术他是这样描写的：

“红铁棍，不是红色的铁棍，而是烧红的铁棍。一根手指粗的铁棍，放入炉火中烧，至与炉火一色，拿出，一见空气，炽白色顿成暗红色，其上的火星噼噼啪啪直溅。

“只见气功师凝视铁棍，做了一个亮相般的动作，左右手交错在额上发际处捋了一下，然后大喝一声‘哈！’右手钳住铁夹子，左手在铁棍上一捋，只听“滋啦”一声，红色的铁棍颜色立刻暗了下来，青色的油烟直冒，紧接着，他又左手钳住铁夹子，右手在铁棍上一捋，又是“滋啦”一声。青白色的油烟又现出一片。空气中隐约弥漫着一股焦煳味。

“气功师伸出双手给大家看。大家俯身上前，只见除了手心和四指中间处有一些黑色之外，手上竟没有一点烫烧伤的痕迹。”

其实，这些看来惊心动魄的表演，并不要什么功夫，只需要有些胆量。下面先比较一个常见的现象：在炉火上干烧一个平底锅，当它是温热的时候，滴上一滴水，测量一下蒸发干的时间；等锅子烧得很热时再滴上一滴水，比较一下水滴蒸干的时间。你会惊奇地发现，后者的时间要长一些，水滴不是立即蒸发，而是不断地跳跃、振动、滑行。原因是水滴接近很热的平底锅时，水滴的底部立即蒸发，在水滴和平底锅之间形成了一层蒸汽，蒸汽保护了水滴，使水滴不会立即达到沸腾的温度。时间大约持续1~2分钟，使它在平底锅的表面跳跃。蒸汽保护水滴的原因是水滴在沸腾变成蒸汽时吸收大量汽化热。1克水从100℃的水变成100℃蒸汽时要吸收539卡热量，吸收了热量，但是温度不升高，所以又称为潜热。这些热量相当于10克的铁从490℃降低到0℃所放出的热量。

手捋红铁棍表演的道理和上述实验是一致的。一般人在进行时手心会因为紧张、惊慌出汗，汗液的蒸发会保护他的手。也可事先将自己鬓角抹点凡士林，开始之前，做一套亮相动作，很自然地用手分别捋一下鬓角，这样，手心里抹了一层凡士林，当凡士林与烧红的铁棍相接触后，"滋啦"的声音和呛人的油烟味自然会出来，凡士林同时具有保护手的作用。

有的人还能用舌头舔一根烧红的铁棒，或者把手伸进熔融的铅中，表演时先把手弄湿，动作非常迅速，手上的水蒸气保护了手。

当然，小读者绝对不能进行类似的实验，因为小孩的皮肤很娇嫩，没有老茧，无论是捋烧红的铁棍还是伸入熔融的铅液里，动作速度要极快，慢了就会被烫伤。

类似的原理已经用在保护宇宙飞船重返地球，避免和空气摩擦形成的高温。当然，不是用水，而是用一种导热系数小，汽化温度高，汽化潜能大的物质涂在飞船的外面。这种物质在变成气体时吸收大量热量，从而保护飞船不被烧毁。

不用能源的空调衣服

冬天上学时顶风骑车，出了一身大汗，一停下来，冷风吹来，透心凉，这时多么需要一件能自动调温的衣服。当然，可以用电力制造一种空调衣服,目前也有一些产品,需要把电池带在身上。最好是不借助外界能量的空调衣服。从能量守恒的原理,如果能把出汗时人体发出的热储存起来,等冷的时候再释放出来,这样不就既能御寒,又能防热吗！想法很好,问题是如何实现它?

农村的菜窖,在入冬时,为了防冻,农民会在菜窖里放上几个装满水的水缸。当气温降到零下时,水缸里的水会结冰,结冰时会放出大量的热,这样可以保持菜窖在零度左右。

当1克水变成同温度固态冰时放出的热量叫熔解热,反过来,由冰变成水时要吸收熔解热。1克水温度升高1摄氏度吸收的热量叫做水的比热,在通常状态下水的熔解热是比热的 80 倍。这些热量相当于 1 克温度为80℃的水降到0℃所放出的热量,足以使菜窖保持在0℃左右。这是一种用物态变化来储存能量的好办法。

利用水的熔解热储藏调节人体发出的能量制作空调衣服是不可能的,因为水的凝固点不适合人体。需要找一种物质,它的凝固点在人体适合的温度附近,最常见的一种物质是石蜡。你是否注意过,在点蜡烛的时候,熔化的蜡滴在手上不会感到烫手,只有一种温暖的感觉。这是由于石蜡在50℃左右熔解(石蜡是混合物)。它的熔点与人体感觉舒适的温度非常接近。医院使用的蜡疗就是把熔化的石蜡涂在皮肤上,利用石蜡凝固时放出大量的热来治疗风湿病。

如果用石蜡来做一件衣服,利用石蜡物态变化来储存能量行吗?人在激烈运动时,能放出大量的热,可以把石蜡熔化,此时石蜡吸收大量熔解热,等人静止下来时温度下降,石蜡重新凝固放出热量。

你一定认为这是一种可笑的想法:石蜡熔化了流得满身都是,怎么办?

最近,科学家为了确保石蜡在状态变化中不发生滴漏,先用囊球把它包装起来,然后再把囊球浸渍在纤维上或涂在纤维上。石蜡装在微囊中就不会流失。服装公司用这种纤维织成的布料制成内衣和滑雪衫,投放市场后十分走俏,供不应求。科学家还进一步研制出石蜡纤维,石蜡调温纤维布料制成的防寒手套在-65℃的恶劣环境中大显身手，寿命比一般手套高出5倍。一些专家认为，这种纤维制成消防服、军服和宇航服，可以满足特殊自然条件和复杂工作环境的要求。和石蜡类似的物质还有，例如，聚乙烯乙二醇等。当然，这种衣服比较重是它的缺点。

制造空调衣服还有许多其他的方案：一种方案是在织物内插进一层特殊胶片，这种特殊的胶片具有一种特殊的功能，只让适宜人体的气温透过，高温和低温则被拒之门外，既能御寒，又能防热；另一种是在织物中夹一层经过特殊处理的铝箔，可以把阳光反射出去。这样，铝箔就成了衣服上的“空调器”。朝向人体的一面起保温作用，朝体外的一面起防热作用。第三种是模仿人体血液循环的原理，发明一种新的仿生控温术。在织物中布满管道，冬天循环热水，夏天循环冷水，以制造人体所需要的温度。英国科学家研制出了一种可以自动降低体温的空调内衣，这种内衣中缝入了上千个直径2毫米、允许冷水通过的纤维管道。为了保证与人体接触时达到最佳的降温效果，这些纤维管道在形状设计上不同于一般的圆形水管，管道全为方形，而且重量极轻。当然，穿着空调内衣的人须随身携带一个小型水泵，以确保纤维管道的水流畅通。现有技术可以保证空调内衣里的水温维持在10~15℃，这样使得穿着它的人们能在酷暑当中享受如同走进装有空调的房间一般的凉爽和舒适。同时，为了解决驱动水泵的动力来源问题，科研人员已经研制出了一种轻便的太阳能头盔，这种头盔上面装着太阳能板。

科技人员预言，冬暖夏凉的调温服装将给21世纪的服装业带来一场革命。相信你一定也能发明一种空调衣服，努力想一想吧！

违反能量守恒吗?

曾经有一个中学生提出应该充分利用电冰箱散出的热量，通过实验并计算出从冰箱的散热器上可以得到相当输入电能的130%的热量。也就是说耗同样的电能,电冰箱比电炉子发出的热量还多。

一位物理教师颇为愤怒地评论这篇论文:“你的想象力再丰富也不能违背能量守恒定律,怎么会有130%呢?多余的热量是哪里来的?肯定你的实验有问题,这是绝对不行的,因为违反能量守恒。”

这就像一个严厉的家长,看到孩子兜里的钱多于他给的,就武断地认为是偷来的一样。

这个实验,果真违反物理学的“天条”——能量守恒定律吗?

能量守恒定律说的是:能量可以相互转换,但不能创生和消灭。初看起来,电冰箱的能量唯一来源是电能,因此散热器上得到的热能不应该大于摄取的电能。学生实验中得到的比100%大的那30%热量是哪里来的,肯定不是从消耗的电能转换来的,会不会有别的途径。正如孩子兜里的钱可能是勤工俭学的合理收入,不一定是不合法的收入。

所以,解决这个“公案”应该仔细想一下,过于武断就会变成“冤假错案”。

为此,我们应该先说明电冰箱的原理:电冰箱的作用是制冷,为了使冰箱里的温度不断下降,就要把冰箱内的热量不断地传出去。自然规律(热力学第二定律)告诉我们热量只能自动地从高温传到低温,而不能自动地从低温传到高温。但是,这不是说热量就根本不能从低温传到高温,通过冰箱里压缩机的工作在消耗了电能后,是可以把热量从低温搬到高温的。电冰箱的工作就是消耗电能,把热量从电冰箱温度低的内部搬到温度高的外部,通过散热器散在周围的高温环境里(散热器的温度必须比室温高,才能散热)。

所以电冰箱的散热器上散发的热量是两部分组成的:一部分是电冰箱消耗的电能变成的,因为电能最终要100%地变成热能;另一部分是冰箱内食物变冷所放出的热量,这部分是消耗电能搬运出来的。两部分加起来肯定大于100%,也许会到200%或者更大。学生测出的130%正是由于测量的误差所致,因为实验中不可能收集电冰箱散出的全部热量。

物理学家严济慈在他的《热力学第一定律和第二定律》一书中计算了一个实例："若把电能直接变成为20℃的热量用来取暖，则每千瓦/小时只能获得860大卡，浪费很大。如果把电能先变成工作，再用上述方法，则每千瓦/小时可得12600大卡。"这就是说，获得的热量是所消耗电能的14.7倍。

所谓"电能先变成工作"的机构是热泵，热泵可以简单地理解为电冰箱反向工作，把热量从低温泵向高温。如果用煤取暖，可以先通过煤燃烧驱动一个热泵，计算表明，可以获得大于12倍直接燃烧所获得的热量。

关于电冰箱散热器上热量的再利用已经有类似产品，一个电冰箱足以满足一家人洗漱所需的温水，是节能的好措施，希望国内电冰箱厂家重视这个中学生的建议。

爱因斯坦没说对的问题

在人类发射人造地球卫星以前很久，爱因斯坦曾提出过一个有趣的问题："在失重条件下，蜡烛能燃烧吗？"他本人对这个问题的回答是否定的。

通常情况下，由于存在重力，所以空气也有重量，热空气的密度小，所以比重也小；冷空气的密度大，所以比重也大。结果，热空气向上升，冷空气向下降。冷热空气的对流，使蜡烛的火焰能源源不断地得到新鲜空气，从而使燃烧能持续下去，直到烛油燃干为止。但是，在失重情况下，由于空气没有重量了，冷、热空气比重的大小也就比较不出来了，所有物体都处在自由漂浮状态，倾出的水不会"下"滴，喷出的烟不会"上"升。这时在蜡烛心周围是一团已参加过燃烧的热空气，它的主要成分是二氧化碳，它阻止外面的氧气与烛焰接触，使点燃的蜡烛熄灭。所以蜡烛不能继续燃烧。

这种回答正确吗？

这种回答是不正确的。曾经有许多人做实验来检验爱因斯坦的结论，其中一个实验是这样做的：在一个密封的玻璃容器内，放一支点燃的蜡烛，容器内的氧气供应是充足的。让这个容器从70米高空自由落下，这时如果忽略空气对容器的阻力，容器和其内部所有物体就都处在失重状态。实验表明，蜡烛的火焰并没有熄灭，只是它发出的光比通常情况下暗了一些，而且烛焰的形状成球形的了。

这是什么道理呢？经研究认为，这主要是气体的扩散运动在起作用。气体的扩散运动与重力没有任何关系。在失重条件下，虽然冷热空气的对流运动已不复存在，但上述实验中烛心周围的二氧化碳要向周围扩散，周围空气中的氧气要向烛心附近扩散，结果使蜡烛继续燃烧下去。由于失重，空间已分不清上、下、左、右，各个方向都是“平等”的，所以这时烛焰是球形的。因为扩散运动供氧不及地面冷热空气对流供氧充足，所以烛光要暗一点。宇航飞行的实践也证明了这一点。

声学、波动

暖水瓶的歌声

灌暖水瓶的时候，热气腾腾，很难看清水是否灌满，但是几乎每个人都听得出来，水是不是灌满了。

刚一开始水瓶是空的，水撞击瓶底发出低沉的咚咚声，随着水位的升高，声音变得尖细起来。因此，通过听声音的变化，就可以准确地知道暖水瓶是不是灌满了。

但这是为什么呢？为了探本求源，让我们先寻找一下这个声音是怎么发出来的。用一枝铅笔轻轻地敲一下玻璃瓶胆，瓶胆发出的声音和灌水时听到的完全不一样。看来，那声音不是玻璃瓶胆发出来的。

瓶胆里还有什么？有空气和水。似乎也不像流水发出的哗啦哗啦的声音，"嫌疑犯"就是瓶子里的空气。别看空气看不见摸不着，但是空气是我们这世界中声音的主要发生和传播者。请你来做一个吹瓶子的小实验来了解一下空气发声的规律：找一个干净的空酒瓶，把它放在嘴边，用嘴唇轻轻地贴着瓶口，平着吹气，让空气既能进去又能出来，瓶子就会发出呜呜的低鸣。为了找出规律，可以往瓶子里加一些水，加的水越多，吹瓶子时发出的音调越高。这说明空气振动时发出音调的高低和瓶子里面空气柱的长短有关。酒瓶子空的时候，空气柱最长，发声低沉；加入水，空气柱变短，音调也就升高了。

利用这个知识，你便能够解释灌暖水瓶时听到的声音了。水灌进暖瓶里，扰动了空气，使空气振动，随着水位的增加，上方的空气柱变短，所以音调变高。现在，我们进一步把这个道理推广开来，便可知道，这也是许多管乐器发声的原理。

笛子是用一根竹管做成的，在侧面开了许多孔。吹笛子的时候，用手指堵住不同的侧孔，就能改变音调。堵住侧孔的作用，就是在控制笛子内空气柱的长度。笛子管内空气柱的长度是从吹口处到第一个被打开的侧孔计算的。如果用手指把侧孔全部堵上，空气柱最长，音调最低，把最靠吹口的一个侧孔打开，空气柱最短，这时候音调最高。你再想想，单簧管、双簧管等管乐器，不也是用这个道理吗！

笛子的声音高亢、明快，而箫管的声音却低沉悲凉。也许你认为箫是竖吹，而笛子是横吹所造成的。其实竖吹、横吹是没有什么关系的，关键是箫比笛子长得多。乐器短小，里面的空气柱也跟着短，自然发声音调高。听交响乐的时候，如果你注意观察，会发现乐队的管乐器大小相差很多，一般管乐器的个头越大，发出的声音越低。管弦乐队中的铜号是很有趣的，为了加长号管内空气柱的长度，号的管道只好盘卷起来，有的卷一圈，还有卷许多圈的。有的号管还能伸长或缩短。

原始的号很长，西藏喇嘛寺举行庆典的时候，吹的法号有十几米长，发出的声音很低沉。如今把号管卷起来，是一个聪明的发明。

有趣的是，中国古代学者曾经利用空气柱的长度和体积来统一全国的度量衡。他们选择十二个音律管中的第一根，即黄钟律管，作为度量衡的标准。把它的长度定为九寸，用它作为全国度量衡的基准。各地方都保存着由中央统一翻造的黄钟律管，好随时对照。

怎样才能知道地方上的黄钟律管和中央的一样呢？最公正的法官是声音。中央派出的度量衡官员，只需吹响他带去的标准的黄钟律管，如果放在附近的地方上的黄钟律管也跟着发声，就说明它们是一模一样的，这种现象叫做共鸣。如果地方上的黄钟律管标准不一样，或者哪怕有一点伤痕，共鸣现象就会消失或者大大削弱，官员马上就可以查出来这个度量衡器具不符合要求，真是巧妙极了。

空气筑的“墙”

现在超音速飞机已经不是什么新鲜事了，但是在开始研制的时候却出现了许多意想不到的事情。声音的速度约为每小时 1200 千米，在实验中飞机的速度达到每小时 975 千米时，一桩意想不到的惨案发生了，发动机突然发出雷鸣般的响声，在人们还来不及反应过来的眨眼之间，正在高速飞行的飞机便被炸得粉碎，好像迎面撞上了一面无形的大山似的。在以后多次实验中，又连续发生了几起类似的爆炸。飞机前面什么也没有，只有空气，难道罪魁祸首是空气吗？

八月的夜空，我们经常可以看到流星在黑天鹅绒似的天空中掠过，划出一道短而明亮的光痕。那是陨石在进入大气层后的燃烧。大陨石进入大气的速度非常快，是声速的几倍，遇到的情况和超音速飞机的类似。

空气是富有流动性、很柔软的。当一个物体运动缓慢时，空气可以在物体前面分开，均匀地流过物体并在物体的后面又汇聚成连续气流。如果物体以超音速运动，物体引起的空气扰动就来不及离开物体，因此在物体的头部引起压缩，形成一堵“空气墙”。就像在生产流水线上工作的工人：按一个确定的时间完成自己的工作，工作十分有节奏。如果开始的工人干得特别快，效率是别人的一倍或几倍，产品就会在流水线上堆积起来。

物体运动速度和声速的比值叫做马赫数。飞机的速度等于声速是 1 马赫。如果速度达到 10 马赫时，空气的温度便会上升到 6000℃，自然界一切已知的物质都会被气化。

科学家们还发现，由于飞机周围的气流不均匀，因此在飞机速度还未超过声速时，也会被“空气墙”撞得粉碎。那么能不能克服声障而使空气这个“隐形杀手”不能得逞呢？科学家们的答复是肯定的。

经过无数次的实验，人们对于飞机的外形进行了改进，将机身做成纺锤形状，即两头尖，中间粗。再把飞机的机翼尽量朝后抿，此时的飞机就可以顺利地穿过声障这堵“空气墙”了。如今，在空中航行的飞机家族里，一些先进的喷气式飞机的速度已经达到了声速的2倍甚至3倍，它们都能平平安安、自由自在地在蓝天中畅通无阻地翱翔，人类的智慧早把“空气墙”这个既恐怖又无奈的“隐形杀手”远远地抛到九霄云外去了。

谁泄露了天机？

街上有两个人正在低声交谈，远处的人听不清楚他们在说什么。屋里的一个人打开一把大号阳伞，伞口对准窗户外面的说话人。在靠近伞柄的地方，谈话声变得清晰起来。这是美国某一个商店推出的一种新型的窃听设备。

一面凹面镜可以把阳光会聚到一个点上，声音也可以用一个类似凹面镜的东西会聚在一起。在科技馆里，有相距十几米远彼此相对的大凹面镜，在一个镜子的前面小声说话，站在另一面镜子面前的人就可以清楚地听到说话的声音。这就是声音的镜子。

在意大利的西西里岛上，有一个石窟，人们给它起了一个怪名字，叫做“杰尼西亚的耳朵”。人只要站在石窟入口处的某个地方，就能听到很远处窟底的声音，就连很微弱的声音，甚至人的呼吸声都能听到。传说这是古代暴君杰尼西亚囚禁犯人的地方。这个“杰尼西亚”的耳朵就是用来窃听犯人的私下说话的。这是一个声音聚焦的例子。

古希腊和古罗马建筑师建造的圆形剧场的声学效果，令我们现代人感到惊讶。半圆阶梯形的观众台高高地凌驾于场地中心舞台之上。在观众席上，连几十米远舞台上撕纸片的这种轻微的声音都可以清晰地听到。建筑师正确地利用了声学的反射与折射及声波聚焦，才使那时的建筑师创造了真正的声学奇迹。

天坛的声学奇迹是我国古代建筑匠师的卓越创造。这里只说说天坛圜丘。圜丘是三层的石台，每层都有台阶可以拾级而上。每层台子的周围都安着栏杆。最高层离地 5 米多，半径 15 米。

人们登上台顶，站在圜丘的圆心石上喊话，这时听到的声音特别洪亮，秘密在哪里呢？原来台顶不是真正水平的，而是从中央往四周低下去。人们站在台中央喊话，声波从栏杆上反射到台面，再从台面反射回耳边来；或者反过来，声波从台面反射到栏杆上，再从栏杆反射回耳边来。又因为圜丘的半径较短，所以回声比原来的声音延迟时间更短，以致相混。据测验，从发音到声波再回到圆心的时间，只有 0.07 秒。说话者无法分辨它的原音与回音，所以站在圆心石上听起来，声音格外响亮。但是站在圆心以外说话，或者站在圆心以外听起来，就没有这种感觉了。

声音的“指纹”

日本名古屋有一个专门绑架女大学生的罪犯。当他通过电话向受害人的家属进行勒索时，警察录下了他的声音。在计算机中存有这个罪犯的声音，因为他是一个有前科的罪犯。通过声纹的对比确定了罪犯的身份，立即将他逮捕。

在通电话时，当把受话器拿起，大多数人在对方自报姓名前，就识别出对方了。如果是不认识的人给你来的电话，你也能判断对方是男是女、年龄多大等等，并且听对方谈话时，还能察觉到对方的情绪。

这是由于每一个人说话都有自己的特点。人的发音器官可以用提琴来比拟。提琴有琴弦，还有琴箱的共鸣器。人的声带类似琴弦，人体内有许多空腔，例如喉腔、咽腔、口腔、鼻腔、鼻窦腔、颅腔和胸腔等，几乎每一个空腔都参与共鸣。

声音的放大是靠共鸣，当然主要的共鸣器是喉咙和口腔。在气流刺激声带振动的同时，其他的空腔也在做程度不同的振动，它们就像提琴的音箱，不仅把声音放大了，而且使声音既有特色又丰富多彩。男子发音较低（约 500 赫兹），孩子和女子较高（约 3000 赫兹）。这些特色主要取决于这些共鸣器的形状和大小。

人声共鸣区首先是英国科学家佩哲特 60 多年前发现的，现在声音分析技术的发展，可以用频谱图来表示共鸣区。借助电子计算机对这样的声谱进行仔细分析，著名的女高音歌唱家的声谱里能清晰见到强力的女声共鸣区。这是她们歌喉动人的奥秘。

世界上有几十亿人，每一个人的说话声音都彼此不同。说话声音也像指纹一样，是每一个人独有的标志，因此语音也常作为认定罪犯的重要证据之一。在鉴别语音时，先对声音的振动情况加以分析，看一看它的组成，再把组成声音的基本振动情况编成数字，这些数字不仅能标志出每一个人的说话特征，还能依据数字提供的振动情况，再把语音合成出来。这就是现代的语音分析和语音合成技术。

自动描绘声纹的机器是 1945 年美国贝尔研究所的波茨塔博士发明的，叫声谱仪，用声谱仪描绘的图形叫做声谱图。

声谱仪的显示方法，有“浓淡显示”和“等高线显示”两种。它们都是以横轴为时间、纵轴为频率显示波谱变化的。在表示浓淡时把波谱的大小用浓淡来显示。在用等高线显示时，就像地图的等高线一样。在表示相同波谱的大小的地方用线连接起来，相同大小的部分颜色深浅度相同。“声纹”的名称就是来自这种等高线显示图，贝尔研究所的波茨塔博士注意到它很像指纹，所以取名为“声纹”。

研究声纹并不只是用来侦察罪犯，还可以实现以声音为钥匙来提供有用的服务。就像《一千零一夜》故事里讲的阿里巴巴口喊“芝麻,开门!”就打开了宝库大门那样,不仅在家庭,而且在电子计算机室和存有重要机密情报的地方,都能够防止非指定人员入内。在采用电话购买东西时(从预付金中自动划账的方式),如果通过声音就能判断购物者是不是他本人,那么就不必担心信用卡落在他人手中,甚至连用信用卡都成为多余的了。

目前,电子计算机的声音输入发展很快,不久的将来键盘将变得多余,去掉键盘的计算机体积将大大缩小,屏幕像眼镜一样,计算机可以像衣服一样穿在身上了。

藏在音乐厅里的奥秘

有时,声音的反射也是有害的。在空旷的大厅里,人的说话声音瓮声瓮气地含混不清,这是由于声音在墙壁之间不断地来回反射,反射的声音和原来的声音交混在一起的结果。人们把这些反射的声音叫做交混回响。

一个人刚发出的声音要衰减一百万倍,才不会影响到原来的声音。现在就让我们来做一个不太复杂的计算。假定屋子墙壁和天花板每次反射时声音失去自己的强度仅5%,声音要经过270次反射后才行。这需要多长时间呢?可以计算一下声波在消失前所经过的全路程。当然,这个路程的长短要根据屋子的大小和形式而定。例如,屋子为24米×15米×9米的平行六面体,便很容易算出声波经270次反射的平均路程大约等于2450米。以室温下空气中的声速除这个路程距离,我们就可以找到交混回响时间为7.2秒。

7.2秒是一个较长的时间,我们在7秒内可以来得及发出20个音节。前后声音混在一起,话语就显得含混不清。交混回响要是太强,就影响了声音的清晰,但是交混回响太弱,声音就会听起来很单调而不自然。长期研究的结果已确定最理想的时间是0.5~1.5秒,这个范围的下限适用于言语，而上限适用于音乐。因为语音里声音强度变化比演奏音乐作品时要快，所以在大厅里演讲时交混回响的时间应该短一些，最好是0.5秒左右。

因此在剧场、音乐厅中，常常利用墙面上装饰的吸音板、地毯、丝绒窗帘等把反射的声音减弱，以控制交混回响的强度。

在空荡荡的建筑里，发出来的声音要比挤满人时嘈杂。因为人的衣服是吸收声音的最好材料。

为了使在排演与演出的发声特性之间没有很大的差别，现在所有音乐厅的设计都考虑到了这个要求，在大厅内设置构造特别的安乐椅，不管坐人还是空着，有着同样的吸音作用。这些椅子在无人使用翻上来时，背面有许多吸音孔，模仿观众衣服的吸音。

伦敦一个世纪前建造起来的皇家阿伯特纪念堂，即使坐满了听众交混回响也显得过分。科学家发现毛病出在那漂亮的圆顶，它起着像一面大声镜的作用，在某些地方声音反射太强，致使听众感到耳痛。为了消除圆顶的回声影响，便在天花板下挂上一百多个玻璃丝圆盘，每个直径有几米。圆盘不仅能吸音，而且还可以扩散声音，因为有与圆顶相反的曲面（凸出的部位向下）。乐队后面的舞台上装着一架巨大的声音反射器，也是用玻璃丝做成的。所以听众即使坐在大厅的最后几排也同样能听到音乐，几乎没有任何失真。

声音的“特异功能”

蝙蝠的特殊技能历来引起人们的兴趣。在漆黑的夜晚，蝙蝠以其灵巧的动作极其准确地捕食蚊蝇或躲避障碍物。有人做过统计，它15分钟可以抓到220只苍蝇。是不是它在黑暗里的视觉特别好呢？

经过研究，生物学家惊奇地发现蝙蝠的眼睛几乎是瞎的。即使把它的眼睛遮住仍然能像原来一样极其准确地飞行和捕捉猎物。

现代的研究终于初步解开了这个谜。原来，飞行中的蝙蝠可以用喉部短而宽大的声带发射超声波，当遇到前方的蚊蝇或障碍物时，超声波会反射回来被它的耳朵接收。根据回波强弱和方位的不同，它可以准确无误地捕食或躲避障碍。原来，它不是在黑暗中用眼“看”东西，而是用耳“听”东西。水中的海豚也具有极好的超声波“回声定位”功能。有人做过实验，蒙上双眼的海豚不仅可以灵活地躲避障碍物，而且还会识别真假。在水池中悬挂一真一假外形完全一样的鱼，多次实验，它总是准确无误地向真鱼游去。还有不少动物可以发出超声波，如鲨鱼、海豹等，不过发出的超声波都较微弱。

超声波是频率高于20000赫兹的声波，由于频率高波长短，所以直线传播，定向性强。英国人哥尔顿1883年设计出第一个超声波哨笛。当高压气流以极快的速度通过狭窄的喷口喷射出来，就能产生超声波（约170千赫）的声音。但是机械型超声波发生器体积大而笨重，所以逐渐被机电型超声波发生器代替。可以利用三种物理现象即磁致伸缩、压电效应、电致伸缩的原理产生超声波。

在可变电场作用下石英片能产生振动，发出超声波。石英辐射器还具有重要的优点：石英薄片愈薄，固有频率愈高。

工程上最早应用超声波还是在第一次世界大战期间，那时著名的法国物理学家郎之万利用超声波来搜索海底敌舰。郎之万的工作给海底声呐（即水声定位）技术奠定了基础。

意大利文艺复兴时期著名的艺术家达·芬奇，早在500多年前就预言了声呐。他说：“如果你在海边，把一根管子的一端插在水里，另一端放在耳边，你就能听到远方航行的船只。”人们现在才认识到，达·芬奇不仅是一个伟大的艺术家，还是一个大数学家、力学家、工程师和物理学家。

声呐原理与蝙蝠工作原理完全一样：超声波发生器发送短的声脉冲，然后接收反射脉冲，由于声音的传播需要时间，根据接收反射脉冲的滞后时间便能计算出离脉冲反射物体的距离。但是，声呐比雷达更为复杂。这是因为声音的速度没有电波的传播速度稳定，水下的声速与水底下的温度、水的压力及其盐度有着密切的关系。所以水声的传播在一般情况下绝不会是直线的，声线发生均匀曲折。这些因素在接收信息时必须考虑。

利用声呐原理可以制成超声波照相机，能在黑暗中拍摄出影像，在水下拍摄电视。另外，超声波可以探测不透明物体的内部，检查金属内部的缺陷。这可以看做是声呐的另一种形式。超声波仪器是一种常见的检查人体的医疗器械。

超声波还具有较强的能量。利用超声波穿过人体的软组织作用于肾或胆内的结石，可以将结石击碎，而结石周围的软组织却安然无恙。这种“声波体外碎石术”今日已经在医院内应用，使病人免受开刀之苦。

利用超声波易于集中能量的特点，可进行其他各种“超声处理”。工业上，可以利用超声进行加工、清洗、焊接、促进化学反应等。

高速公路上的“眼睛”

蝙蝠能在黑暗的夜空中捕食飞虫，是依靠超声波的回声定位原理。但是蝙蝠在空中飞，飞虫也在飞，从蝙蝠发声到接到回声只是一眨眼的工夫，在这么短的时间内，蝙蝠不仅知道了飞虫所在的方位，还能知道它的飞行速度和方向，所以才能准确无误地抓住飞虫。

蝙蝠是如何利用回声判断飞虫飞行速度的呢？

坐火车的时候，当一列鸣着笛的火车和你乘坐的火车相遇急驰而过时，你听到的笛声是有变化的。变化的界限是非常明显的。当车朝你驶来时，笛声的音调很高，汽笛离你而去时，音调立即降低。车的速度越快，音调的变化越明显。

这种现象是奥地利科学家多普勒在1842年发现的。多普勒曾邀请音乐家在车站听火车的笛声变化。由于音乐家的耳朵极有训练，他们甚至能确定1赫兹声音频率的变化，这在当时无精确测量仪器的情况下，对科学家是很有意义的。为了纪念他，后来把这种现象叫多普勒效应。

蝙蝠在追捕飞虫时，就是利用了多普勒效应。反射着回声的飞虫相当于一辆鸣着笛的小汽车，蝙蝠能通过回声音调的变化判断飞虫飞行的速度和方向。飞虫也不会坐以待毙，它们会采取各种特殊的飞行方式来干扰蝙蝠的判断，例如作螺旋飞行迅速向地面降落等。

为什么会产生多普勒效应呢？

音调变高，就是声音的频率加快。按说，声音的频率是由声源决定的，声源振动越快频率越高。其实，我们听到的音调的高低主要决定于进入我们耳朵每秒的声波数。

我们用一个行进的队伍来代表一列声波，两个人间的距离是一个波长。当你站着不动，队伍从你的身边通过，每过去一个人，相当一个声波进入你的耳朵里。如果你迎着队伍行走，在相同的时间里通过的人数增加；反过来你和队伍同向行进，这时通过你身边的人数变少。所以在火车迎着你开来时，相当于声波被压缩了，频率变高，背离时声波拉长了，频率变低。

多普勒效应同样适用其他一切波动过程，多普勒效应被广泛用来测量运动物体的速度：警察用雷达波的多普勒效应测量高速行驶的汽车是否超速行驶，成为超速行车的克星。水文学家用它测量河流的流速，在医院里则可以测量血液在血管里的流速对疾病进行诊断。天文学家利用遥远星体射来的光波频率的微小变化，可以推知星体是向着地球运动还是背着地球运动，并且能知道运动的速度，从而验证宇宙大爆炸假说。

声音兄弟中的“慢性子”

1948年2月，一艘名叫“乌兰·米达”号的荷兰货船在通过马来半岛的马六甲海峡时，全体船员以及船上携带的一条狗突然死亡。他们没有外伤，也没有中毒迹象，倒像是心脏病突然发作而死。这件海上奇案立刻引起了世人的大哗。几十年过去了，侦破工作没有丝毫的进展。直到最近这个案件才有了些眉目，凶手竟然是看不见、听不着的“次声波”。

次声波是一种声波，它比普通的声音振动得慢一些，每秒钟振动不到20次。因为它振动得太慢，人的耳朵就听不到它了。虽然用耳朵听不到，它对人体的危害却很大。专门提供的实验告诉我们，用强力次声波照射人体可能引起感觉失常，人会感到步履艰难，似乎有个力在强迫其旋转，这时眼球不由自主地转动。在次声波强度很高时——超过100分贝的“响度”——所有这些现象都被观察到了。当“乌兰·米达”号驶过马六甲海峡时，海面发生了风暴，杀手是次声波。在外界次声波的不断刺激之下，心脏吸收了次声波的能量而强烈地颤动起来，由此导致心脏狂跳、血管破裂，最后心脏停搏、血液停止流动而导致死亡。

次声源基本上是天然产生的，人们一直不十分了解它。最近几十年来地球物理学的发展加速了对次声的研究。

有一次一位气象学家正准备释放气球探测高空的气象，他的脸突然感到一阵刺痛，原来他的脸挨在了气球上。这是为什么？经过思考，他知道是次声造成的。气球和次声发生了共振，原来，海上发生了风暴。计算表明：假定波高3米，风速30米/秒，在风绕过波浪时产生的漩涡会发出约2赫兹的次声波。次声波以一般的声速传播，次声波移动的速度远远超越海波的速度。所以次声波常常比巨浪提前来到海岸，“报告”远离海岸的风暴即将来临的消息。另外，次声频率很低，空气对它的吸收很小，所以传播得很远。

工程中最普遍的次声声源是各种压缩机、送风机，当然也包括喷气式飞机发动机在内。这种次声波“噪声”对健康非常有害。在日常生活中，如车船的颠簸、机械的振动和噪音恰好在次声波的范围之内时，对人的健康影响就比较大了。它能使你晕车、晕船，甚至头痛、呕吐。

上世纪60年代法国科学家加夫洛对人工次声进行了系统的研究，有趣的是，这些都来自一个偶然的发现：有一天，加夫洛的实验室简直振动得摇晃起来了，而记录仪器上没有记录到任何声音。当他们寻找原因时，发现是一台有毛病的转速很慢的通风机！是它产生了频率很低的次声。此后加夫洛跟同事们设计了许多大功率次声源，其中一个是一个大笛子，发出的次声强度超过 150 分贝。试验工作进行了几分钟后研究者感到剧烈的疼痛，估计可能开始内出血。传说传布圣经的大喇叭声音曾吹倒了坚固的墙壁，大概也是次声所为。

强大的次声波还产生在地震、火山爆发、原子弹爆炸时。许多动物生来就本能地具有对次声的敏感性。例如，在风暴到来时小的海生跳蚤离开大海到岸上来，而岸边的水母却急忙向大海深处远远地游去，以免被岸边激浪卷起的小石子拍碎。猫和狗等家畜在地震前表现出烦躁不安，力图离开屋子。动物和人感受次声波的机理暂时还不十分清楚。

次声波会产生危害，但是也可以被我们利用。由于次声波波长大，容易绕过障碍物而继续传播，因此它传播得很远，即使“旅行”千里，它的强度减弱也很少。这一特点，可以用来做“次声定位”：用仪器接收敌方火炮发出的次声，可以确定较远距离的敌方火炮阵地的位置。同样道理，次声也可以监视别国是否进行核爆炸实验，地点在何处。自然界的剧烈变化都可能发出次声，对这些次声的接收可以预报台风、火山和地震的活动等。以台风为例，台风中心的巨大海浪可以产生 8～13 赫兹的次声波。它以比台风快得多的速度向海岸传来，这样，接收次声的仪器可以指出台风的袭击方向和强度，使人们早有准备。

光学

往日之光

我们在阳光下奔跑的时候,我们的影子总是紧紧地跟着我们,汽车无论跑得多么快,影子也能追得上,真是形影不离。

这一段大实话,似乎是废话,其实它告诉我们,光的速度一定比人和汽车的运动速度快得多。如果光跑得很慢,那么,光从人的头部跑到地面所需的时间,人已经向前跑了一大段,头部的影子便会落后一大段,影子就不是现在的样子了。

我们知道光在真空中的速度为每秒30万千米(准确地说,光在真空里的速度是每秒299791.458千米),但是在媒质里的传播速度会下降:在水里的光速是真空中的3/4。

科幻小说《往日之光》的作者鲍勃·肖,曾经幻想一种慢透光玻璃,讲述了一段动人的故事。什么是慢透光玻璃呢?

作者想象一种玻璃,光线通过半厘米厚这样的玻璃需要10年。新的玻璃总是一片漆黑的,因为连一束光线都没有通过它。把这种玻璃放在风景秀丽的林中、湖边,带着这些美丽景致的光线陷入慢透光玻璃中,10年也出不来。把在这种地方养了10年的玻璃镶在城市住宅的窗户上,那么,在10年的过程中，这个窗子外面便仿佛呈现出林中湖泊的美景。这是真实的，不是静止不动的风景，而是湖面水波荡漾，波光闪闪，各种动物无声地前来饮水，空中百鸟飞翔，日夜在交替，季节在变化。

作者富有感情地写道："有几次我想用诗来表达对这种魔术般的晶体的感受。但是对我来说，这个题材的诗意是如此浓厚，竟然无法把它写到诗中，事情就是这样矛盾。至少，我是力不从心的。而且，一些名歌和好诗早已经写过这一切了，尽管这些诗歌的作者在慢透光玻璃发明之前已经去世。比方说，我怎能超过穆尔呢！他有这样的佳句：

当我躺着，不想入睡，
被深夜的寂静笼罩，
我重温早年的幸福，
是往日之光把我照耀。"

科学技术发展到今天，部分科幻已经开始变成现实。科学家们已经成功地把光速降到了每秒17米！让光速由每秒30万千米降到每秒17米，是一件很了不起的事。当光进入水或玻璃等介质中会减慢速度。在普通光学材料中，光减慢的速度是非常有限的，其减慢的程度和媒质的折射率有关：

某种媒质的折射率n定义为光在真空中的速度c与光在该媒质中的速度v之比。

折射率n=光在真空中的速度c/光在该媒质中的速度v

按照这个公式计算，把光速降到每秒17米，媒质的折射率约为176×10^6。金刚石的折射率是已知物质中最大的，仅为2.5，那么折射率上亿的会是什么物质呢？

美国的罗兰科研究所、哈佛大学和斯坦福大学的科学家们成功地提高了介质的折射率。他们采用的介质是由施加激光后的超低温原子云构成的。研究人员首先将大量钠原子组成的原子云冷却至接近绝对零度，形成所谓的"玻色 · 爱因斯坦凝聚"状态，在这种低温状态，原子的运动速度几乎为零，钠原子被迫互相重叠乃至静止，形成一种“冷凝物”。随后，科学家们再用激光束来处理“冷凝物”，大幅度地改变了它的折射率。此后再用一束黄色的激光通过这一经过处理的“冷凝物”时，成功地观测到了激光速度大大降低的现象。

虽然，利用“冷凝物”介质让光速变慢这一突破性科研成果还不能制作科幻中的慢透光镜，但是在科学中已经大有用武之地。尤其是对研制未来的光学计算机有非常重要的意义。利用上述的科研成果可以把不可见光如红外线转变为肉眼可识别的光，这对视频技术和夜视装置的发展和应用，将会带来伟大的变革。

科学家们由此满怀信心地认为，不久他们还可以进一步降低光速到每小时40米左右，让光慢慢地在我们面前穿过。

也许有一天慢透光玻璃真的能实现，人们从这里得到回归自然的感受。

透光铜镜

有一篇文章说，镜子起源于古代的刀剑。因为人们从磨得锃亮的兵器上看到自己的影子，于是想到用表面光洁的金属制作镜子。这种说法也许不确实，但是最古老的镜子确是用金属制成的，它叫做铜镜。古代的铜镜简直是一种艺术品，用青铜铸造，表面磨光，背面还有精致的花纹或铭文。我国发现最早的铜镜属殷商时代，距离现在有三四千年。以后的铜镜制作越来越精巧，特别值得一提的是一种透光镜，当阳光照在这面镜子上的时候，反射到墙上的明亮的圈面上，竟能清晰地显出铜镜背面的花纹和文字，好像这些花纹透到铜镜的这边来了一样，因此人们把它叫做透光镜。

铜是不透光的，那么背面的花纹和文字怎能透过来反射在墙上呢？这件事引起了世界上许多著名科学家的兴趣，英国物理学家诺贝尔奖获得者布拉格就研究过这个问题。

我国保存在上海博物馆里的透光镜是两千多年前西汉时代制造。这种透光铜镜在日本也有发现。我国的一些科学工作者对透光铜镜进行了一系列的研究，并且仿造出了西汉透光铜镜。为了弄明白透光镜的道理，让我们观察一盆放在阳光下的水反射到天花板上的光影。水面虽然十分平静，但光影上却布满了晃动的花纹。原因是不可避免的微小振动总会在水面上形成微微的涟漪，这些眼睛不易察觉的波纹经过光的反射放大了，投射在天花板上。

透光镜反射出来的花纹也是这个道理。制作铜镜的时候，古人可能把加热好的铜镜立即投入冷水中，由于铜镜背后的图案部分厚薄不匀，青铜镜受冷以后收缩也不均匀，使镜子的正面出现微小的不易察觉的凸凹不平，这种凸凹不平就像水面的细小波纹一样，在反射过程中放大了。所以墙上出现铜镜背面的花纹，并不是光线真正穿过镜面透过来的，而是从镜子的表面经反射投射过去的。

让阳光照在一面小镜子上，在天花板上就能看到一个明亮的圆面，轻轻地振动镜面，天花板上的亮光就会有很大的移动，这说明光的反射可以放大微小的振动。镜面距天花板的距离越远，光亮移动的距离就越大。这和力学上力被杠杆放大的道理相似，所以人们又把这种现象叫做光杠杆。

利用光杠杆可以测量微小的转动。例如，一根悬丝的转动，眼睛是很难分辨出来的，人们便在这根细丝上贴上一面极轻的小镜子，让一束光照在它上面，然后观察这面镜子反射的光点的移动。由于这种移动是被放大的，所以人们就可以准确地看到并且计算出细丝的转动大小。

白纸比镜面亮

镜面和白纸比较，哪个更亮？似乎不用思考就会得出答案：当然是镜面亮。实际并不是这样，通过下面的小实验，我们可以进一步了解这一点：

在一间黑屋子里，用手电筒照射一面镜子和一张白纸。你想，是镜子亮还是白纸亮？你也许立即回答："是镜子亮！"不要忙着下结论，还是先来观察一下吧：

原来，光滑的镜面只能规则地反射光线，一束光线遇到镜面以后，虽然改变了前进的方向，但是它们在新的运动方向上仍然是整齐前进的。如果眼睛不在这个方向上，镜子的反射光就一点也不会进入你的眼里，所以镜面看上去是黑的。只有把镜面转到某一个角度，使它反射的光正好进入你的眼睛的时候，你才能看到耀眼的光芒。一束光线照在白纸上，虽然对于每一条光线来说，光的反射定律都是适用的，但是由于纸的表面凹凸不平，光束就被反射到许多不同的方向去，这就叫漫反射。正是借助漫反射光线，我们才能在任何方向上看见被照亮的物体，观察到它们的颜色和细节，并且把这些物体和周围其他物体区别开来。

魔术师常常利用镜子的表面是黑的来制造一些假象，例如在一个里面涂黑的箱子里放一个镜子做的隔板，就不会被人发现。隔板的后面可以藏匿需要变出的东西。

马路上的"蜃楼"

1990年8月18日，一辆汽车在茫茫的西北大沙漠中急驰，单调的景物和一望无边绵延起伏的沙丘，使人昏昏欲睡。

突然一个乘车的人对着窗外大喊："快看，前面有一片水泽！"这是上午9时55分的事，人们立刻转向窗口。在远方确实有一片蓝色的水泽，随着汽车的移动不断地变换着位置。好像带来了一丝凉意。

10时14分，淡蓝色的水泽从西北方向移向正西，并奇迹般地从水泽里叠化出一座座白色楼宇的倒影，好像是准备迎接远方客人的宾馆。但是当驱车接近这个水域的时候，这片诱人的水泽就消失了。

过去，人们说这是沙漠上的魔鬼在戏弄疲劳的旅客。但是现在我们知道,在沙漠里发生的这种现象称为“沙海蜃(shèn)楼”。

在水面上也能看到的这种现象叫海市蜃楼。1991 年 8 月 3 日下午,安徽巢湖市突然看到了巢湖上的宝岛——姥山。平时姥山在巢湖市是看不见的。现在却奇迹般地出现在市民的眼前,使人惊奇不已。

海市蜃楼是一种罕见的光学现象,一般人是很少有这种眼福的,甚至一辈子也难见一次。你一定为此感到遗憾吧!

其实,你有看到蜃楼现象的机会,只是没有前面说的那么好看。6～7 月份正是看蜃楼的好时机。蜃楼在哪里？就在晒热的柏油马路上。

在炎热的日子里,当你顶着烈日沿着马路向前走的时候,你会发现在马路的尽头水汪汪的,好像洒水车刚刚洒过水一样,顿时你感到一丝凉意掠过。水面上还映出了汽车的倒影和过路的行人。但是当你快步走向前时,那片水塘便消失了,或移到更远的地方。

这就是你看到的“马路蜃楼”。它的原理和沙海蜃楼一样。蜃景是热空气要的把戏。黑色的柏油路面，在炎热的太阳照射下，大量吸收热，然后又向四周辐射出去。因此在地面的周围就形成了一个热空气层，热空气层上面的空气则还是比较冷的。当光线射到冷热空气的分界面上时，会发生折射。这样地面上的热空气层就像一面镜子一样把射来的光线反射回去。

简而言之,当地面上覆盖了一层热空气时,就像在地面上铺了一个大镜子,不过这不是真正的镜子,路面上的热空气飘浮不定,所以从上面反射的影像给人以水塘的感觉。

沙漠上的蜃楼“幻景”也是这样形成的。沙粒上方的热空气也像一面镜子一样把远方的景物反射出来,形成水泽的幻觉。

在湖面上或海面上情况略有不同，热空气的“大镜”是高高地挂在空中,这是由于在水面上水分的蒸发,温度总是较低,而高处则有时会吹来一些热空气。当然这要在特殊的天气下。高空的热空气的作用也是一面大镜子，把远处的东西反射来，这就是巢湖市突然看到了巢湖上的宝岛——佬山的原因。

自古以来，我国的山东蓬莱就是看海市蜃楼的好地方，岛屿山峦和城市出现在空中，街道上的行人依稀可见，宛如仙境。

亲爱的小读者，走在火辣辣的阳光下是有些恼人，但是，这也正是观察“马路蜃楼”的好机会，你可不要放过哟！

小心！镜后有眼

美国科学家为了研究是女人还是男人更注意自己的仪容，他们在繁华的百货商场装了一面镜子，统计男人照镜子的次数多，还是女人照镜子的次数多。结果，得到的是一个惊人的结论：男人照镜子的次数比女人多。

你也许不明白，科学家是如何记录这些的。秘密就是装在镜子后面的一架摄像机。

镜子是不透光的，怎能摄像呢？

原来，商场里装的镜子是一个特制的半透镜，它不仅能把一部分光反射回去，还能把一部分光线透射过去。但是在镜子前面照镜子的人并不会察觉这一点。这是由于人在亮处，摄像机在暗处。

有一种墨镜就是利用半透膜，从外面看是亮亮的，但是透过眼镜可以看到前面的事物，只是光线减弱了。包装礼物的银色彩纸就是一个半透膜，你可以试一试。

你也许一时找不到一面真正的半透镜，可以用一片玻璃来做一些实验，玻璃能反射4%的光线，假如玻璃的后面是暗的，在玻璃上可以照出自己的影子。利用玻璃反光的特性可以做许多有趣的实验。

第一个实验叫做“蜡烛在水中燃烧”，通过这个实验你可以看到一个不可思议的现象：一支蜡烛在一个装满水的水杯里燃烧。

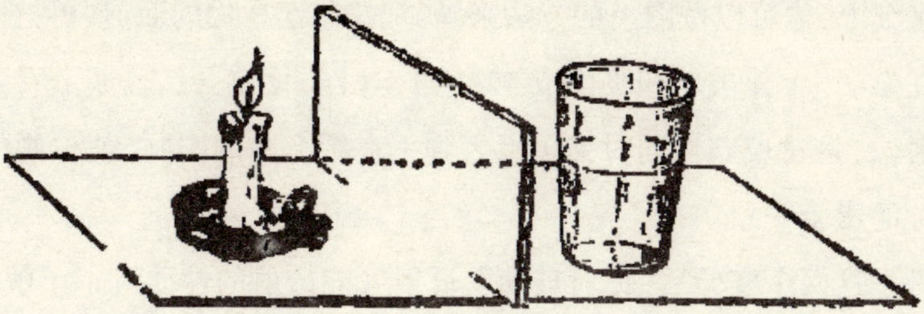

在桌子上放两摞书，把一块玻璃夹在中间，使之直立在桌面上。在玻璃的前方放一支蜡烛（为了便于移动它，你可以把蜡烛尾巴烧熔，然后把蜡烛粘在一个瓶盖里）。在玻璃的后面，放一只盛水的大玻璃杯。玻璃杯和玻璃之间的距离，要和蜡烛到玻璃之间的距离完全相等。

拉上窗帘使屋子变暗，从蜡烛这边向玻璃望去，就会看到一个奇怪的现象——蜡烛正在水中燃烧。

这是为什么？这是由于玻璃能把蜡烛发出的光反射回去。蜡烛射向玻璃的光一部分被反射回来，使我们感到玻璃的背后有一支蜡烛；我们又能看到玻璃后面的水杯，这两个东西重合在一起，就感到蜡烛在水里燃烧。

第二个实验可以帮助你画出一张逼真的静物画，尽管你不是一个画家。

这个实验也只需要一块玻璃，假如你有一个花瓶，想把它精确地描画在一张纸上，你可以按图上的方法来画：把花瓶摆在你的面前，再把一块玻璃放在桌子上，使玻璃和桌面成45° 角，这样，你就会从玻璃上看到花瓶的反射像，透过玻璃你同时又可以看到手在纸上画的图画，使你画的画和玻璃上的影子一致。

做过这两个实验后，你对玻璃既反射又能透射的性质有了了解。摄影师可以利用半透镜把两个图像叠加在一起形成一张神奇的照片。

现在有一些建筑物的窗玻璃从外面看是镜子，但是实际上是一个半透光镜，从里面则可以欣赏外面的景致。半透光镜在光学仪器上也有许多应用。

颠颠倒倒说镜子

许多照镜子的人照了一辈子，不知道镜中人跟他自己不一样，是一个左右相反的人。镜中人用左手写字，写出的字也是反的。在一张纸上写一个字，例如“光”，向镜子里望去，镜子中的字竟完全反过来了。

能不能制造一种镜子，照出的东西不会和实物相反呢？

报纸上介绍过一个美国人发明了不会反的镜子，但是没有介绍它的构造。下面一个简单的实验倒可以看到“真实的自我”。

取两面长方形的小镜子，用胶布（或牛皮纸）从镜子的背后把它们粘好。粘的时候要注意，两面镜子中间留一点缝隙，使镜子像一本书一样能自由地开合。这种镜子叫偶镜。

把两面镜子立在桌子上，让它们像两堵墙一样相互垂直。（可以利用一本书来帮助你做到这一点，因为书角都是直角，把一本书的书角对准偶镜的联结处。）

让两面小镜子紧靠书边，再小心地把书拿开。这样两面镜子就互相垂直了。

取一张报纸或一个闹钟放在偶镜前，观察镜中的字。你会发现，镜中的字变成正写的了。

现在，用偶镜来照一下你自己。你会看到，两面镜子各照出你半个面孔，偶镜的中线恰好在整个脸庞的中间，再用右手摸一下右耳。啊！你感到不对劲：在镜子里你看到的和镜子里摸的不是同一侧，好像在摸左耳呢！

其实你过去使用一面镜子的时候，在镜中看到的并不是自己的真正模样，而是一个和自己左右相反的人。你不妨想象一下，你自己站在镜子中像的位置上，转过脸来看自己的情况。

为什么从偶镜中看到的像不是相反的，而是和实物一样的呢？

原来你从偶镜中看到的像是经过两面镜子先后反射所形成的。每面镜子都把像颠倒一次，经过两次反射，像也就颠倒两次，变得和原来一样了。

马路上的“猫眼”

夜间驱车行驶在高速公路上，你会被镶嵌在路边闪闪的标志所吸引，它们像一块一块钻石一样熠熠发亮，指引着前进的道路。

如果在白天，它们则不被人们注意，那只是一些极平凡的塑料片。在我们的自行车的后挡泥板上也能找到它们，那是自行车的尾灯。它里面没有灯泡，为什么叫做灯呢？

说起这个小小的尾灯，还有一段小故事呢。20世纪30年代，自行车在英国风行起来，但由于英国是一个多雾的国家，自行车的增加引起交通混乱不堪。为此，英国政府悬赏征集解决这个问题的方法，后来就发明了这种尾灯。

表面看来尾灯只是一片塑料，其实作用和构造很奥妙。当汽车灯光照向自行车时，自行车的尾灯能强烈地发亮，引起司机的注意。你也许认为那跟镜子的作用相同。其实不然，要想看见镜面发射的光，入射光线必须垂直于镜面，观察的人也必须正对着镜面，若光从侧后方照射时，由于光反射向另一侧，观察者就看不到反射光。

下面的小实验可以帮助我们理解尾灯的原理：把一个夹角为 90° 的偶镜直立在柜子上，让镜子的中间部分距地面的高度和你的眼睛距地面的高度相同。取一个手电筒，把它靠在你头部的一侧，让它和眼睛在同一水平线上。

打开手电筒，让光线水平地入射到偶镜中。你会从偶镜中看到炫目的反射光线。不管你站在什么方向，只要保证光线沿水平入射，用光的反射定律可以证明，反射光线总是沿着原来的方向返回。

如果光线不沿水平入射，反射光也就不沿原路返回，而射向另外一个方向，这种情况怎么办呢？这并不难办，只要把三面相互垂直的镜面装在一起，就像一个箱子的一角一样，问题就解决了。我们称这种装置叫“角反射器”。三面镜子组成的角反射器有三条公共的棱边，相当于三个偶镜，因此光线无论从什么角度射到它上面，都会沿着原方向反射回来。

仔细观察尾灯的红色塑料片上有很多突起的部分，每个突起的部分都是一个角反射器。汽车的前灯照在它上面的时候，就能把光按原来方向反射回去。公路上的“猫眼”就是一些简易的角反射器。

月球上也有“猫眼”

月球上也有角反射器。1969 年 7 月，“阿波罗”11 号的宇航员首次登上月球时，他们把角反射器装在了月球上。这个角反射器的质量是 30 千克，由100块熔融石英直角棱镜组成。自那次以后，又陆续送上去四块，它们的面积更大。此外，在天空飞行着的数十个人造卫星上，也都装有大大小小不同的角反射器。当从地面向月球或这些人造卫星发射激光时，无论月球或人造卫星运行到什么方位，这些角反射器总能把光线反射到原来发光的地方，在它们的帮助之下，地球上的人们可以精确地测定它们的距离、速度与加速度。

历史上较早测定月地距离的工作是在1752年完成的。19岁的拉朗德和他的老师，一个在欧洲的柏林，一个在非洲的好望角，利用三角学的方法首次测量了月地之间的距离。他们测出月球和地球之间的距离相当于60个地球半径。这是一种既麻烦又不准确的方法。但是在当时是了不起的。

1962年，美国马萨诸塞工学院的一个研究组，首次用激光测量了月地之间的距离。他们测出了激光在月地之间走一个来回的时间是2.6秒，根据光的传播速度就算出了月地间的距离。这个方法简单得多，可是也有困难。

激光器发出的激光亮度很高，光束也非常平行，但传播的距离远了，就要散开一些。由于月球距离我们很远，激光到达月球表面的时候，已经散落在一个直径为很大的范围内，光线由于发散而变得微弱，再加上月球表面凹凸不平对光线发生漫反射，因此返回到地面接收器的光线就非常微弱了，必须使用望远镜。后来得克萨斯州麦克唐纳天文台用2.7米口径望远镜观测地月距离，观测的误差仅为2～3厘米。

科学研究要求精确地测量人造卫星、月球和地球之间的距离，使用月球上的角反射器可以把数据精度提高两位数。在科学研究中极有价值。

宝藏之谜

从前有一家财主，家里有一个传家宝。它的样子像一个铜制的圆筒，圆筒上顶着一个盖子，盖子上趴着一条龙，盖子和筒口之间有一段距离，能向筒里放东西，却看不到筒底，因为盖子挡住了视线。

听说在筒底刻着字。谁能看见那些字，就能知道祖先留下的财宝在哪里。不过这只是祖辈传下来的一个故事，谁也没真的相信，更不想弄坏这个传家宝来证实这个莫须有的传说。

这个似是而非的传说中的传家宝传到第十二代，到了一个好奇的人手里，他终于在没损坏宝物的情况下看到了筒底下祖先刻下的字。

原来，一天他无意中把水倒进筒里，发现筒底好像升高了，透过圆筒和盖子的缝隙竟看到筒底的文字。上面写着："宝藏在知识里"。

这个传说也许不是真的，但是科学道理是对的。下面让我们做一个实验来证实它：把一个硬币放在一个搪瓷口杯里，把口杯放在桌子上向前推，直到看不见杯底的硬币为止。此时不要晃动你的头，向杯子里倒水。你会重新看见那枚硬币，觉得硬币升高了大约1/4。

这是光线耍的把戏，当光线从一种媒质斜射到另一种媒质的时候，会偏离原来的方向发生折射，才使你看到了硬币。实验指出：当光线从空气射向水的时候，光线靠近法线（和分界面垂直的线）；当光从水中射向空气的时候，光线远离法线。筒底上的文字反射的光在从水里射向空气的时候，由于折射向筒边偏了一些，所以才能穿过了盖子和筒边的空隙，使这位好奇的主人看到了它。

在水塘边捉鱼的人，如果不知道光的折射现象就会被捉弄。因为，从岸上看水中的鱼比鱼的真正位置高了许多，这也是光的折射现象。

光的折射原理可以打一个比方来说明：光在不同的媒质里传播速度不同，就好像车子在不同质量的道路上，柏油路上的速度快，沙子路上速度慢。假如我们把一辆两轮车斜着从平坦的道路推到沙土路上时，在道路的分界面上，车子会拐弯，原因是一个轮子会先遇到沙土，它的速度立即减下来，而另一个轮子按原来的速度前进，两个轮子的速度不同。等到两个轮子同时进到沙子地上后，车子又会沿直线方向前进。

光线从空气中（精确地说是从真空中）进入某一种透明物质中，传播速度减少得越多，折射得就越厉害。光在真空中的传播速度和某种媒质的速度之比称为折射率。水的折射率是 1.33，普通玻璃的折射率是 1.5。

水似水银

如果你戴上一个潜水镜，潜入清澈的水中，从水下向上望去，假如水面是平静的，你会惊讶地发现，水面就像用涂了一层银的玻璃做的，闪闪发亮，倒映着水中的鱼、草和水底下的石头。微风吹来，激起了微微的波纹，这时候在水下看到的就是一片变幻无常的银色波浪。

并不是每一个人都能有潜水的机会，不过，你可以通过一个“水似水银”的实验来观察这美丽的景致。取一个盛满水的玻璃杯，把它放在较高的柜子上，透过玻璃杯自下而上地观看水的内表面。你会发现，水面像水银一样闪着银光，简直像镜子一样。

是的，这的确是一面镜子。把一支铅笔插入水中，从下面向上看去，就会看到两个笔尖，一个是真正的，一个是水面上的反射像，不过笔尖及其反射像看上去比真的笔尖要大一些，这是由于玻璃杯的侧面使水弯曲成一个放大镜，把笔尖放大了。

在晚上，把一个台灯放在远处的桌面上，关掉其他的灯。把水杯举起来，从下向上看，就能看到水的内表面像镜面一样映出远处的台灯和周围的东西。为什么水的内表面有时像镜子呢？我们知道，当光从一种物质射向另一种物质的时候，在它们的界面上会分成两部分，一部分不能穿过界面而被反射回去，这是反射光束，另一部分则透过去，这是折射光束。人们发现，在一定的条件下，透明的界面会变得像镜子一样能把入射光百分之百地反射回来，这是光的全反射现象。上面实验中的现象都是光的全反射。

下面来做一个实验，用一束光来研究一下，在什么情况下光能发生全反射。做实验首先需要一束光，可以用玩具激光电筒得到平行的强光束

（要注意保护眼睛）。也可以用一支普通手电筒，前面用不透光的硬纸片挖一个直径3厘米的圆孔遮光。如果做一个高10厘米左右的圆筒套在手电筒的前盖上遮光，效果更好。

再找一个果酱玻璃瓶，在瓶内注入三分之一的浓茶水。用点燃的香使液面上方充满了烟雾，盖好瓶盖。茶水和烟雾可以显示光的路径。

遮暗屋子，把套有圆筒的手电筒放在果酱瓶的下面。让手电筒的灯光通过纸筒上的圆孔射出。这束光线从瓶底射入水内，再从水面射到充满烟雾的空间，光线经过的途径显出一道亮光。你用一只手握住玻璃瓶，另一只手拿好手电筒，使水瓶稍微倾斜，这时候入射光也就斜射到茶水的内表面上。在烟雾中你能清晰地看到折射光束，同时在茶水中还可以看到一条微弱的反射光束。

逐渐改变水瓶的倾斜程度，使光线的入射角不断改变。这样，你就可以看到折射光和反射光的变化情况。

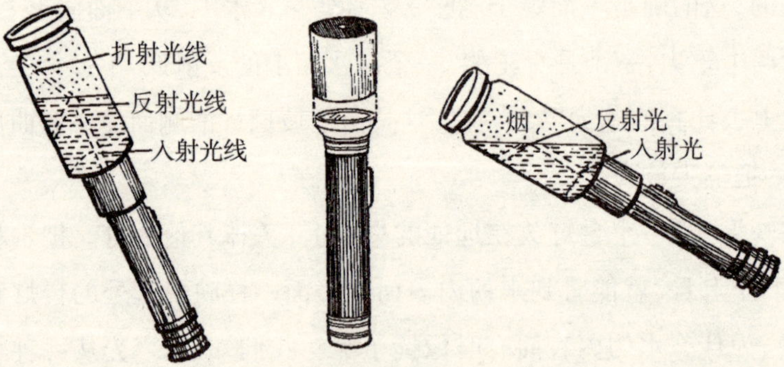

入射角增大的时候，折射角也增大，但是折射光束的强度在逐渐减弱，而茶水中的反射光束却越来越明亮。水瓶倾斜到一定程度的时候（即入射角增大到一定的程度），你会看到折射光束刚刚冒出水面，沿着水面掠过，这说明折射角已经接近90°。把水瓶再倾斜一点，折射光束就完全消失，而反射光束却变得很亮。我们把这个时候光的入射角叫临界角，从临界角开始，入射角再增大，光线就一点也不能冒出水面，而全部被茶水和空气的交界面反射回来，这就是光的全反射。

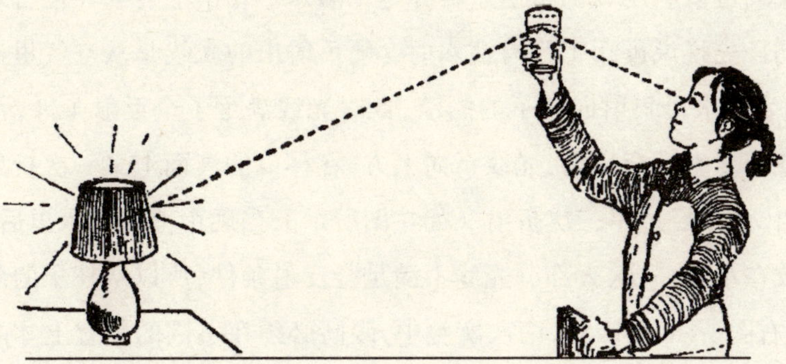

光的全反射现象不只发生在水和空气的交界面上，一般来说，当光从光密媒质（例如水、玻璃等）射向光疏媒质（例如空气）的时候都有可能发生，只要光束以非常倾斜的角度射在它们的交界面上就会发生全反射。实验证明，光从水射向空气的时候，如果入射角大于48.5°时就会发生全反射；光从玻璃射向空气的时候，入射角大于42°时也会发生全反射。光从冷空气层射向热空气层的时候，也可能发生全反射。

金币隐身术

光的折射现象十分有趣，有的现象像魔术一样。

在桌子上放一个玻璃杯和一枚硬币，把空玻璃杯压在硬币上。此时，从什么方向都能看见这枚硬币（做这个实验的时候最好把玻璃杯放在较高的台子上，让坐在桌子旁的人只能看到杯子的侧面）。向杯里倒水，一直倒满。让大家注视杯子的侧面，会发现硬币消失了，好像被人拿走了似的。但是，如果站起来从杯口上面向下看，硬币还好端端地待在那儿。

乘人不注意，把硬币的上面沾点水，再压在有水的玻璃杯下。这时从侧面又能看到那个亮闪闪的硬币了。做这个实验最好用杯口比杯底大的杯子,不要用上下一样大的瓶子。

我们可以利用光的折射来拆穿这个魔术。硬币上有水和没有水的光路不同。先说说硬币上没有沾水时，硬币射出的光线是从空气里进入水中,然后从水里斜射向杯子的侧壁,此时光线满足了全反射条件,没能穿出杯壁而发生了全反射,光线折向上方,在杯口的液面上又一次折射从杯口射出(光线经过了三次折射)(如左图所示);当硬币上沾有水以后,硬币就像放在水里一样,大部分光线不满足全反射条件,所以从杯子的侧面射出(如右图所示)。因此,两次实验中,眼睛必须在不同的位置上才能看到硬币。

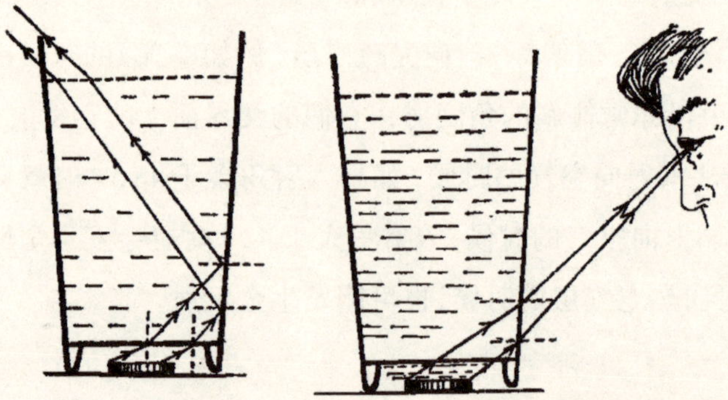

如果你把硬币的一半沾上水,一半不沾水,这样你在杯子的侧面只能看到沾水的那一半,而在杯口看到的是不沾水的另外一半。

还可以用许多其他的方法观察到全反射现象,下面再举两例:

找一个又大又深的脸盆,盛满清水。把一个硬币扔在盆底,然后用一个较重的玻璃杯倒扣住硬币(注意,在向下按玻璃杯的时候,不要让杯中的空气漏出来)。这时候你从玻璃杯的侧面望去,就会发现玻璃杯变得不透明了,它的侧面像镜子一样闪着银光,并且映出盆底的印花,而硬币却无影无踪了。

反过来,把玻璃杯正立在脸盆里,用杯底紧紧压住硬币(注意,不要让水进入杯内），你从杯子的侧面望去，也发现玻璃杯不透明了。这些实验做起来很简单，要说清它的道理还要费一番脑筋，请你自己想想看。

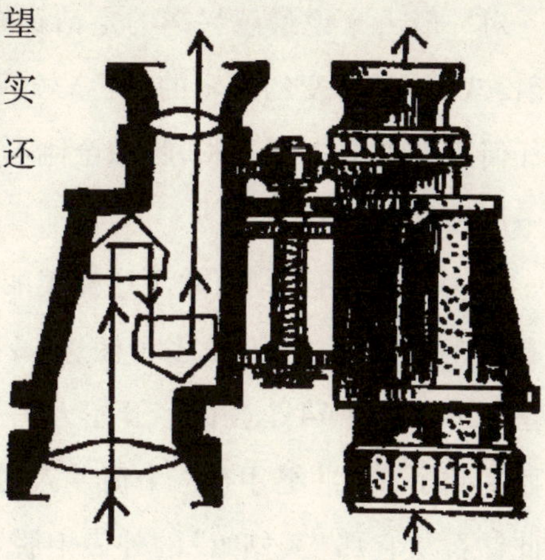

利用光在玻璃的内表面上会发生全反射的原理，可以制成光学仪器——全反射棱镜。正如图中所画出的那样：光线垂直射入棱镜的一个侧面，然后以45° 的入射角投射在棱镜的内表面上。由于玻璃的临界角是42°，所以这束光线发生了全反射，反射光从另一个侧面射出来。全反射棱镜能让光线转一个90° 角，也可以让光线转一个180° 角，很像一面镜子一样，可这是一面没有镀银面的镜子，所以它不怕潮湿。另外，它在反射光的时候光的损失也很少，更没有平面镜多次反射形成很多个像的缺点。因为有这些优点，在科学研究中常用它代替平面镜来改变光的方向。

钻石的魅力

人们都喜欢钻石，科学家更喜欢钻石。这是由于钻石不仅是极好的装饰品，也是一种极优秀的材料。钻石除了光彩夺目外，还因它的硬度最高，导热率最大，是良好的绝缘体，同时又能透过除可见光以外的红外线、紫外线和X射线，它还是一种比硅更好的制作半导体的材料。

钻石又叫金刚石，它的“出身”并不高贵，成分和煤一样，但是，由于只有在高温高压下，碳才会变成金刚石，所以天然的金刚石极为稀少。目前已经可以用人工的方法在高温高压下制成小颗粒的钻石。

对一般人来说最感兴趣的是钻石的光学魅力。白天在阳光下，它光芒四射，八面生辉，变幻不定的七色彩虹璀璨夺目；在夜晚，由于没有光的照耀任何东西都失去了光彩，唯独金刚石熠熠放光。"夜明"使金刚石又蒙上了一层神秘的色彩。

其实，天然的金刚石并不这样美丽。必须经过加工磨制。图中画出了钻石的一种样式，它有50多个棱边。装饰在英王杖上的一颗取名为"非洲之星"的名钻有74个棱面。开始人们想不出如何加工这种世界上最硬的东西。到了15世纪才有一个荷兰人想出了用金刚石去磨金刚石的办法，从此钻石从它那"灰姑娘"的外表中脱颖而出。虽然加工的时候会损失许多宝贵的钻石，令人心疼，但这是十分必要的。

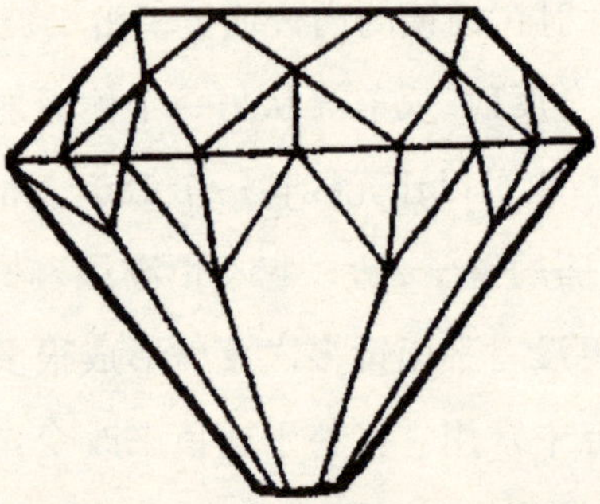

磨这么多的棱边不仅是赋予金刚石一个美丽的外形，其中还有许多光学的奥秘，在当时人们并不了解其中的科学道理。

如果把普通玻璃也磨成这种形状会不会有这种效果呢？钻石的独到之处是对光的折射率在所有的透明物质中名列榜首。当光线从一种媒质进入到另一种媒质，由于在两种媒质中的传播速度不同就会发生折射。折射率大的物质，不仅能把光线折射一个大角度，而且很容易出现全反射现象。实际上，钻石的魅力都源于它的全反射能力。

在"水似水银"一节中我们知道了什么是全反射。金刚石在所有的透明物质中的临界角最小，只有24°，加上钻石饰品的棱面特多，因此几乎从各个角度入射的光，都能满足全反射的条件，每个棱角都会强烈地反射光，所以看上去闪闪发光。

夜晚屋子里没有光，但是，外面的远处某些地方肯定有光。当这些光射入到钻石后，由于金刚石的透光本领特强，折射率最大，所以光线被它的众多的棱面反射、折射到与入射光完全不同的意想不到的方向。你看到它发出的闪闪亮光，但想象不出光源在哪里，感到十分神秘，就像钻石自己能发光一样。如果把钻石饰品带在身上，随着身体的转动，反射和折射的光线变化莫测，色彩也在不断地变化，光芒闪烁更加迷人。

普通的玻璃全反射的临界角在50° 左右，全反射现象不明显。所以，就是外行也可以区别玻璃跟钻石。但是，现在用人工的方法能制造出折射率很接近金刚石的玻璃，用这种玻璃制成的饰品，在光学效果上很接近钻石，达到乱真的地步，但是硬度和其他的性质则完全不同于钻石。买钻石的时候你可别上当啊！

关进水流里的光线

假如你独自一人去爬山，到了山顶，正高兴的时候，突然崴了脚走不动道，你想喊人来救你，但是山下的人根本听不见你的喊声，也没有人会注意到遥远的山顶上有一个人。

这时怎么办呢？

你突然想起，钱包里有一面小镜子，于是迎着太阳，把阳光反射到山下，闪光引起人们的注意，他们发现你了，你得救了。

这是一种最古老的方法——光通信。早在公元前700多年，在我国北方就建筑了许多烽火台。遥遥相望的烽火台相继点火通信，是人类最早的光通信。

但是，光线在空气中传不远，一个重要原因是，光线不平行，发散使光束变暗。我们用一个手电筒来做一个实验，先照亮近处的一块白纸，光斑很小，如果去照远处的一面墙，光斑就很大，而且亮度变得微弱。探照灯的光线比较平行，但是如到达月球表面，会分散在3千米的范围上。光线在空气中传播还会受到雨、雪、雾等的影响，使光线变暗。

上述问题是光通信的困难：如果能解决上述的问题，光通信就会得到新生。英国物理学家丁达尔1870年在英国皇家学会的演讲厅里做的一个实验使光通信露出了曙光。实验中，人们惊讶地看到发光的水流从水箱流出来，水流弯曲，光线也跟着弯曲，光线好像陷在水流里，顺着水流传播。

现在让我们重复他的实验：

找一个玻璃罐头瓶，瓶子上有一个能拧紧的盖子。在盖子的中心打一个大孔，大孔的旁边再钻一个小孔，目的是让瓶子里的水能从大洞里顺利地流出来。

找一张厚的牛皮纸，卷在瓶子的外面形成一个纸筒，纸筒要比瓶子长一倍，可以在瓶子的后面放一个手电筒，而光线不会露出来。瓶子里灌满水。

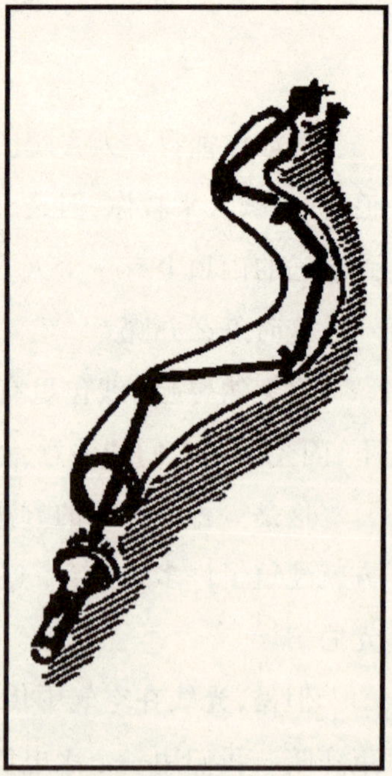

使屋子变暗，越暗越好。打开手电筒，让瓶子里的水从孔里流出来，你会看到一个发亮的水流，把手指放在水流里，你的手指会被照亮，沿着水流移动你的手，虽然水流是弯曲的，但你的手指始终会被照亮，这说明光线被水流抓住跑不出来了，光线自然就不会分散。

这个实验的原理是光的全反射，从“水似水银”一节我们知道，由于光的全反射现象，光线以倾斜的角度从水内射向水和空气的交界面时会发生全反射。光线在想跑出水流时，在水流的内表面上遇到反射被挡了回来，因此就乖乖地沿着水流运动。

目前，应用这个道理，人们制成了一种特殊的玻璃纤维，像头发丝一样细，叫做光学纤维，简称光纤。光纤由两层玻璃组成，里面的玻璃是纤芯，折射率较大（1.463～1.467），外面的包层玻璃折射率较小（1.45～1.46）。只要入射角大于某一个数值，就会在纤芯内发生全反射，没有光漏射到包层中，光将在纤芯中不断反射传播下去。

光纤的一个重要的应用是用它来看人体食管、胃、十二指肠里发生了什么问题。让病人慢慢吞下用光纤制成的内窥镜，胃里的情况就会通过弯曲的光纤传上来，让医生看见里面的情况，还可以动手术。

光纤通信有另一个重要的应用：一对细如蛛丝的光纤理论上可以同时通100亿路电话。因此，光纤通信可以在很短的时间内传输大量的信息，通过光纤上因特网速度更快。玻璃光纤可以节约大量的铜金属，1千克制造光纤的玻璃可以代替几十吨或上百吨铜。

我国光纤通信发展很快，在许多大城市之间都铺设了光缆，海底光缆则可以达到越洋通信的目的。

凸凹自如的透镜

玻璃制成的凸透镜、凹透镜是两种形状不同的透镜。中间厚、边缘薄的凸透镜，能把物体放大；凹透镜的边缘厚、中间薄，能把物体缩小。

下面的实验可以让凸透镜和凹透镜之间互相转化。你不妨试一试。

请你准备一个带盖儿的空玻璃罐头瓶，这是我们的主要实验仪器。用它可以做出许多有趣的光学实验。

把瓶里灌满水立在桌子上，瓶子就变成了一个凸透镜，严格地说这是一个柱面透镜，不过它也能放大东西。在一张纸上写两个一样大的字，把纸放在瓶子的背后。透过瓶子你会看到字被放大了。

把瓶子里的水倒出一半，把写字的纸仍放在瓶子后面，让一个字在水面上方，另一个字在水面下方，再透过瓶子去看，你会发现有水的那一个字被放大了，而另一个字没有放大。你能解释这种现象吗？瓶子向外凸的形状没变，为什么没水的一半瓶子失去了放大能力了呢？

如果把瓶子的盖儿拧紧，躺着放在桌子上，从上往下看。还可以做一个改变凸透镜放大率的实验。你会发现瓶子里的水越多，“凸透镜”的放大率越高。

下面的实验就更有趣啦！

把一个有字的塑料包装纸放在水盆底面，然后把拧紧了瓶盖的空罐头瓶完全按在水盆里。当你把这个空瓶子慢慢地按到水里的时候，透过瓶子看，会发现塑料纸上的字逐渐变小了，瓶子变成了一个“凹透镜”。

凸透镜为什么能变成了“凹”透镜呢？

为了解释这种现象，我们再做一个让凸透镜失去放大作用，既不能放大也不能缩小的实验。你想想应该如何做？

把瓶子里装满水，完全按在水盆里，再看，你会发现塑料纸上的字的大小没有变化。

这样我们用一个普通的瓶子做出了以上五个实验，从不同的角度研究了透镜。

你平常看到的玻璃透镜只有一种放大率，因为它的形状和折光材料是固定不变的。而这五个实验中我们不仅能改变了“透镜”的形状，而且还改变了里面的材料。所以呈现出各种各样的光学现象。

在这些有趣的现象背后的物理规律是什么呢？

普通的凸透镜是用玻璃做的，它的中间厚边缘薄，又因为玻璃的折射率比空气的大，这样光线通过凸透镜时便向中间汇聚，因此透过凸透镜看到的字被放大了。水的折射率比空气大，所以盛水的瓶子和玻璃凸透镜一样也是一个放大镜。放躺的瓶子，里面盛的水不一样多，就相当于透镜的形状在变，水放得越多，透镜就越厚，汇聚作用就越强，放大的倍数也越大，这说明凸透镜的放大率与透镜的形状有关。

空瓶子内外都是空气，折射率一样。光线通过它时不会发生折射，因此空瓶子没有放大作用，装满了水的瓶子完全浸在水中，失去放大作用，也是由于内外物质的折射率一样的原因。这个实验说明了凸透镜的放大作用与制成它的材料的折射率有关。

当我们把一个空瓶子按到水里，瓶子的形状虽然是向外凸的，但是由于瓶内的空气比瓶外水的折射率小，光线的折射情况刚好相反，对光束起发散作用。因为对光的折射作用与在空气中的玻璃凹透镜一样，所以看到的东西被缩小了。

兔子为何撞在树桩上?

人们比喻那些不愿意老老实实工作，一心只想得到意外收获的人，常常使用“守株待兔”这个成语，“守株待兔”的故事最早出现在战国时期的《韩非子》那本书中。故事说，宋国有个人在田里耕地，突然从他身后蹿出来一只兔子，这兔子看见有人，慌里慌张，急忙逃跑，没料到自己撞在一个树桩上，竟撞死了。这个人毫不费力地拾得一只兔子，非常高兴。他以后就天天等在这棵树桩的旁边，指望再遇到撞到树桩上去的兔子。

我们不再进一步去研究那个成语的寓意，只讨论一下有没有可能发生兔子自己撞到树桩上去的事情。

韩非子写这个故事的时候，不知道他是不是亲自碰到过这样的巧事，还是听到别人说起有这样的巧事。不过据说，打猎的时候，在猎狗的追逐下，兔子撞到猎人腿上的事情确有发生。兔子是十分机灵的动物，逮过小兔的同学都知道，就是从兔子后面慢慢地接近它，也是会被兔子发觉的，那么为什么竟会撞到树桩上去呢？我们从兔子的两只眼睛长的位置上分析一下，也就不会觉得奇怪了。

仔细观察一下，兔子双眼长在头上的位置和人的眼睛有什么不同。人的双眼长在前面，两只眼的距离不远，大约6～7厘米，而兔子的双眼长在头的两侧，一边一只。为什么这样长呢？因为兔子是弱小的食草动物，为了防御敌害的袭击，必须时刻注意周围的动静。兔子两只眼睛合起来观察到的范围比人的双眼大得多。人的每只眼睛可以看到的范围是166°，兔子每只眼睛可以看到的范围是189.5°。在不转头的情况下，兔子两只眼睛一共看到的范围是360°，也就是可以看到周围的一切，而人不转头两只眼睛合起来看到的范围只有208°，在人的头后面还有152°的范围是根本看不见的，我们把它称作"盲带"或"盲区"。

世界上的事情总是有利也有弊。兔子的双眼看的范围是大了，但是判断前面的东西的位置和距离的准确程度要比人类差得多。因为我们要判断一件东西距我们多远的时候，必须两只眼睛共同工作才行，只用一只眼睛是弄不准一件东西距我们多远的。不信，你可以来做一个小实验：

在桌子上立一只汽水瓶，瓶口上放一只乒乓球。蒙住自己的一只眼睛，从远处走过来，迅速地自上而下轻轻地去按一下这只乒乓球，看看你的动作是不是准确而又敏捷。连续试几次，你会发现，这件看去很简单的事竟不容易做好。

为什么用一只眼睛不能准确地判断一个东西的距离呢？因为两只眼睛同时看一件东西的时候，眼球会自动转动，迅速对准同一个目标，物体离我们眼睛越近，两只眼球就转动得越厉害。转动眼球时相关肌肉的紧张程度传到大脑中去，这种信息就是大脑计算距离的依据，再根据过去的经验做出距离的判断。这就叫做"双眼视觉"。如果只用一只眼睛就不能得到"双眼视觉"的效果。

"双眼视觉"要求两只眼睛能共同看见同一个东西，也就是要有共同观察的范围。人类的双眼共同观察的范围有124°，所以人在很大的范围内可以准确地判断距离。而兔子的双眼由于分得太远，在头前面共同观察的范围只有10°，这就不难理解，兔子为什么不能很好地估计树桩的距离了。老虎的双眼视觉要比兔子好得多，因为老虎是食肉动物，为了捕捉动物，必须要准确地判断距离。在长期的生物进化中，不同的动物形成各有特色的眼睛。

双眼视觉在人类的生活中是十分重要的，尤其是在进行精细复杂的工作时。又比如司机就必须有良好的双眼视觉。一只眼睛斜视或弱视的人不易准确地判断距离，这种人不适合做司机等工作。

狮子从银幕中冲出来

如果我们把人类的眼睛和兔子的眼睛再比较一下，还会得到另一个结论：人的双眼看到的东西是立体的，而兔子看到的东西基本上是平面的。因为立体感的产生是靠两只眼睛共同观察一个物体的结果。

把一本厚书立在你的眼前，分别单独用两只眼睛观察这本书，也就是每次只用一只眼睛看。比较每次看到的样子，你会发现两次不一样。

只用一只右眼看的时候，会对右边多看见一点，而只用左眼看时会对左边多看见一点，这两个略微有点差别的图像同时传到大脑中，经过大脑的加工就综合成一个完整的有立体感的物像，使我们生活在一个立体的世界。

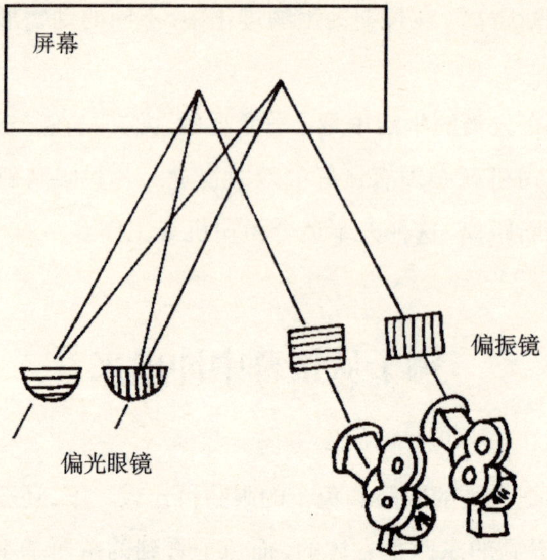

立体图像要比平面图像丰富有趣得多,看过立体电影的同学都知道这一点。当立体电影中的狮子朝着观众奔跑过来的时候,你会情不自禁地吓一跳,因为你会觉得这只狮子真的向自己冲过来了。电影银幕明明是平的,怎么会出现立体的形象呢?原理就是通过双眼视觉得到的一种感觉。为了弄清这个道理,让我们先从观察一种立体图片说起:

有一种立体图片,是由红绿两种颜色组成。仔细看,红线条的画面和绿线条的画面微微错开,使你觉得画面印刷质量不好,不清晰。这并不是印刷问题,而是按照人类的双眼视觉的特点特别制造出来的。观察这种图画,先要用硬纸片做一副眼镜,一个镜片用红色玻璃纸,另一个镜片用绿色玻璃纸。戴上这副一红一绿的眼镜再看这幅画,里面的东西就立起来了。原因是利用红、绿两种玻璃纸,能把重合的两幅图分开。透过红色玻璃纸看,红色线条变浅了,绿色线条变黑了,只能看清楚绿色线条;而另一只眼睛是透过绿色的玻璃纸,因此只能看清红色线条,红色线条变黑了。两只眼睛分别看到两幅稍稍有些差别的图画,能在大脑里形成一幅立体的图像,就像两只眼睛同时在看一件真实的东西一样,因此感到图片上的东西立起来了。

立体照片是用一种特殊的照相机拍摄出来的。最简单的办法是利用两架照相机仿照人的两只眼睛的距离(镜头之间相距6~7厘米)并排放置,同时拍摄一个景物,两架照相机得到的两张底片稍微有些差别,就像两只眼睛看到的一样。把两张底片分别用红绿两种颜色叠印在一张相纸上,就制成了一幅立体照片,再戴上一红一绿的眼镜一看,平面的照片也马上变成有立体感的照片了。

早期的立体电影也是这样制作的。两架摄影机同时拍摄一个场面,得到两份电影片,一份染成红色的,一份染成绿色的,同步放映在银幕上。看立体电影的观众须戴上一副红绿眼镜,就可以看到立体电影了。

彩色立体电影

上面说的是立体电影的基本原理,现在这种方法已经淘汰。现在的电影都是彩色的,如何放映彩色立体电影呢?

科学技术虽然发展了,但是离不开基本原理。原理还是一个,就是设法让两只眼睛看到不同的画面。用红绿眼镜效果不好。还有许多方法。

有一则笑话说:一个人横着拿着一根长竹竿通过一个窄胡同过不去,不知道如何办?把竹竿竖起来便能通过。用这个笑话的思路可以解决彩色立体电影的难题。

光是一种横波,抖动绳端得到的也是横波。它们有一些共同的特性。通过一个实验来说明:把绳子的一头穿过一个板条做的椅背,然后拴在门柄上。绳子的另一头握在手中上下抖动,这样将产生上下振动的绳波。这种绳波可以顺利地通过直立的椅背。但是和椅背垂直水平抖动绳端,绳波就不能通过椅背。如果把椅子放倒,横过来,沿着水平方向抖动绳端,绳波便可以通过椅背,竖直的振动波不能通过。

光波的振动也有一定的方向。自然界存在一种透明物质(例如方解石),其作用和椅子背上的栅栏一样限制光波的通行,叫偏振光片。它只能让一种振动方向的光波通过。用这种办法可以区分两种光。一种是垂直振动,一种是水平振动。

如果你有机会去看立体电影,入门时会得到用两片灰色塑料片制成的眼镜,从外表看有点像墨镜,它就是人造的偏振镜片。两只镜片好像完全一样,其实有区别,就像两个互相垂直的栅栏,其作用像前面说的红绿眼镜。

为了验证是两个互相垂直的光“栅栏”,在看电影前,戴上你的偏振光眼镜,再把你同伴的偏振光眼镜借来做一个实验。你把同伴的眼镜上面的左镜片竖着拿起放在你左眼前面,闭上右眼,只用左眼看。你会发现,通过的光线十分微弱。这说明你戴的眼镜的两个镜片确实有所不同。

偏振光眼镜的两个镜片,其中一个相当于直立的椅背缝隙,另一个相当于水平放着的椅背缝隙。一般来说,一束自然光中,包含着各个方向的振动,当通过一个偏振光镜片以后(例如实验中手拿着的镜片),就变成为单一方向的光波,而戴在眼镜上的镜片不允许这个方向的光波通过,所以看不到光线。

放映立体电影时用的放映机,它的两个镜头前面也要戴上一副偏振“眼镜”,这样从两个镜头射出的光线经过两个镜片的“过滤”,一束光是垂直振动的,另一束光是水平振动的,各自在银幕上形成一套略有区别的画面。不带偏振光眼镜看银幕,只是一幅和前面说过的立体照片类似的相互重叠的图画,并不好看,但是如果戴上偏振光眼镜去看,因为左、右眼看到不同的画面,在大脑里就立即出现立体的美妙效果了。

进入虚拟世界

真正进入理想的立体世界,靠的是一种所谓的数码眼镜。看上去像一个比较复杂的潜水眼镜,它的“镜片”是两块小型液晶显示屏。你只要将它戴在头上，然后把导线接入计算机、电视机、影碟机、录像机等设备上，图像则在两块小型液晶显示屏上播放出来，眼前就会浮现出一幅巨大、清晰、高保真、色彩鲜明的立体影像，辅以逼真的音响，你就进入一个虚拟的世界。

一个记者对虚拟世界有如下的描述：

我戴上了一个“空间时代”头罩，右手戴着一只银色的手套，在一个电脑创造的世界进行了一次旅行。

这次旅行发生在弗吉尼亚的一间实验室，电脑科学副教授兰迪·波斯彻做我的向导。波斯彻按了几个电脑键之后，把我送入一个多姿多彩的人造环境。他招呼道：“欢迎来虚拟现实世界观光！”

我是通过安装在头罩观察孔中的两个小小的电视屏进入虚拟世界的。每只眼睛前有一个屏，使场景略有不同，从而提供了一种三维影像。这种影像与我在电影院中看到的立体影像有惊人的差别，因为我就在这种三维场景之中。我可以四处走动，并能真实地用戴着手套的手触及物体。

我探究着在空间中飘浮的看似没有屋顶的房间，转头看见一堵装有搁板的墙。再往下瞥，是一片黑白相间的方格地板；仰头一望，是蔚蓝色的天空和朵朵轻柔的白云。用我那只戴着手套的手——这只手似乎在场景飘进飘出——从蜡烛架上拿起一支摇曳忽闪的蜡烛，并把它从房间一侧的一张桌子上移到另一侧的一张桌子上。

突然，我发现一条鲨鱼在盘旋。它仿佛在估量着我的块头，是否够它饱餐一顿。我的主管逻辑思维的左脑告诉我，那只不过是虚假的鲨鱼，而主管形象思维的右脑却使我感到害怕。

头盔式视镜里面配有两个液晶显示器，从这两个眼镜式的屏幕上看到的图像，相当于在 2.5 米远看一个 1.5 米大小投影电视的效果。另外还配备高精度耳内立体声耳机，完全能产生立体的效果。

为什么在虚拟世界里能控制里面的东西呢？这是由于你带上了一个数据手套，在数据手套里有许多传感器，能感知你手指的运动。传感器把感知的数据送到计算机里，便产生了与屏幕上的影像的相互作用。例如拧开水龙头，水从里面流出来。当然传感器也可以装在操纵杆、坠子或其他装置上。现在已经制成了一种数据衣，穿在身上，身体的动作就能向计算机发出信息，使人的感觉更加逼真。

画面能变的图片

正面看是一只可爱的小白兔，侧面看却是一只凶猛的大老虎。一张画片上怎么会有两幅图？看这一幅画的时候，那一幅画上哪儿去了？

每个小朋友得到这样一张能改变画面的图片都会爱不释手，转来转去地看着。有的文具尺上也有这样的画。

你想知道它的秘密吗？那就动手研究一下吧！

这种图片都被一层透明的塑料膜覆盖着，用手摸一摸塑料膜是凹凸不平的。沿着画片的边缘用刀片切下一小条，用放大镜仔细看看，就会发现这一小条塑料膜的侧面像瓦棱似的，一个半圆紧挨着另一个半圆形。再小心地撕去画片背面的白纸，就会发现兔子和老虎是重叠地印在一起的。这就是全部秘密。但是弄清它的道理还需要一点光学知识。

瓦棱状的塑料膜相当于一排排凸透镜，凸透镜有折光作用，它能把从一个方向射来的光折向另一个方向。利用这种方法就能把重叠在一起的两幅画分开。

下面让我们自己动手来做一个能变化的图片。找一根 1 毫米左右粗的透明钓鱼线，剪成 3 厘米长的一段，一共十几根，排成一排放在下页插图上，让钓鱼线和插图中的单行线平行。从一个角度上看是一个 A 字，而从另一个角度看则是一个 V 字。A 字和 V 字是这样画上去的：把这幅图画分为许多 1 毫米宽的细格，把这些细格分为两组，单数组和双数组，在单数组上写上 A 字，双数组上写上 V 字，从整体上看两个字是重叠的，实际上是隔行书写的。透明钓鱼线的作用是把单数格的画面折向一个方向，把双数格的画面折向另一个方向，这两个画面互不干扰。兔子和老虎的画面就是用这种方法印制的。

瓦楞似的塑料纹理，如果是竖直放置，则可以把不同的画面分别折向两只眼睛，用这种方法，还可以产生立体效果，制成立体照片。也有的人把电视屏幕做成类似的形状，放映立体电视。

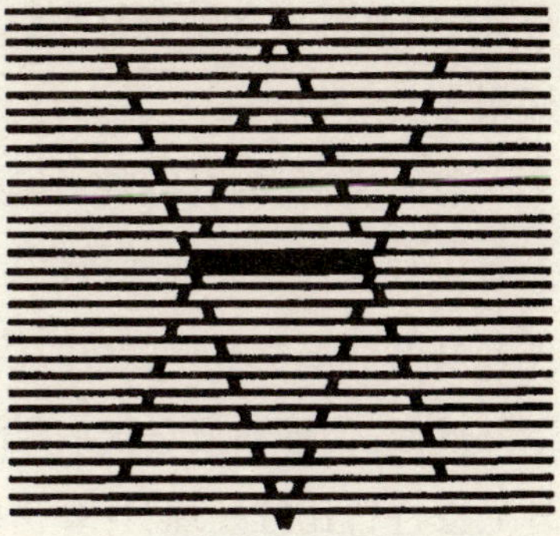

变图尺原理图

瞧哪儿打哪儿

我们已经知道眼睛是光线的接受者，但是我们常说“眼睛会说话”。为什么我们能感受别人的目光呢？甚至能察觉别人的目光从你的肩膀掠过。

目光到底是什么？

当我们投篮球时，我们的目光会注视一下篮筐，此时大脑立即“计算”出距离，向手臂发出指令，投出的球就会准确地飞向篮筐。

但是，我们的眼睛只是接受光线的器官，不能发出光线。研究表明，当你的两只眼睛同时看一件东西时，眼球会自动转动，把眼睛的视线对准物体。物体离得越近，两只眼球就转得越厉害，两只眼球的视线夹角就越大。转动眼球的时候，眼球肌肉的紧张程度会产生一种信息，传到大脑。大脑便像一架电子计算机一样，根据过去的经验，立即判断出距离，发出指令。科学家们已经发明了一种用目光操纵的打印机。使用者戴上一副特殊眼镜，眼镜是一个能显示60个字母与符号的显示器，只需把目光依次在每个字母上停留三分之一秒，信息便可输送到打印机上而打印出有关的字母来。据测试，这种打印机每分钟可以打20个以上的英文单词。

一种新型的傻瓜相机非常神奇，照相时只要你用目光注视一下想拍的目标，相机就会自动调整焦距对准这个景物，照片质量比普通的傻瓜相机好得多。

前面说的眼控仪器就是通过测定眼球的运动来捕捉“目光”的。仪器上有一对发光二极管（LED）发出红外光束照射到眼球上，从眼球反射的红外光束里携带着眼球运动的信息，通过聚焦镜而落到一个所谓基础传感器上并成像，传感器把它收集到的这些光学信息输送给微处理机和原始的红外光束进行比较处理，计算出眼珠相对于原来红外光束的转动角。这一过程仅几秒，故毫不影响操作。

眼控系统用在摄像机上时，使得整个摄像过程变得方便和容易。它的反应要比一般的自动聚焦系统快得多，当你紧紧盯住目标，以一定的角度跟着运动着的目标，从远处移向近处时，眼控系统的优点一下就看出来了，它能使目标始终处在焦点上。

未来战斗机的驾驶员，只要盯住前面的敌机，武器就会瞄准它，这样可以大大方便驾驶员的操作。这真是瞧哪儿打哪儿。

最近，英国一位电脑专家研制成功了一种可用眼睛操作的电脑。这种电脑利用 3 个红外线摄录仪，对操作者的眼睛每秒钟进行 60 次定位，将人的瞳孔变化记录下来，并转换成 x-y 坐标值，用以控制屏幕指示光点的移动，这样，用目光操作电脑如同使用鼠标器一样便捷自如。

飞行员和技术人员通过面部表情也可以操作计算机。这种计算机只需操作人员动动眼珠就可以把所需要的图表和程序从一台小型便携式的电脑上调出来，然后把所有的数据都显示在特制的眼镜或者布罩上。这不仅适用于腾不开手的飞行员，对残疾人也是一个福音。过去这只能是科学幻想。

欺骗眼睛的增白剂

小时候我只有一件白衬衫，非常珍贵，只有举行少先队的队日时才舍得穿。白衬衫穿久了渐渐发黄，洗衣服的时候在水盆里滴几滴纯蓝墨水，漂洗过后白衬衫会显得更白。但不知道为什么？

后来，有了增白剂，增白剂可以使衣服变得更白了。现在许多洗衣粉里也添加增白剂。有人说，那是漂白作用。其实增白剂和漂白剂不同。

做一个小实验便可以揭开这个谜。在一碗水里放一些增白剂，调匀。在一个暗屋子里用强光照射，你会发现溶有增白剂的水会发出蓝莹莹的光。

增白剂不是真正地把衣服上的黄色褪掉，而只是欺骗了你的眼睛。原来增白剂在阳光中紫外线的照射下会发出蓝色的荧光，这种荧光和衣服上的黄光混合起来再进入你的眼睛里，就感觉到是白色的，所以增白剂不损坏衣料。许多洗衣粉和肥皂里都加有增白剂。

两种颜色不同的光混合以后，人感觉到的就是另外一种颜色，用两只手电筒罩上蓝、黄不同颜色的玻璃纸，把一束蓝光和一束黄光照在墙壁上，如果光的强度配合好，重合的部分就是白色的。

自然界里大多数的颜色都可以用红、绿、蓝三种颜色的光按不同的比例混合而成，所以红、绿、蓝三种光又称作为三基色光。

英国著名的物理学家麦克斯韦曾经发明了一种陀螺来研究三基色原理，你不妨也来试一试：

按照图中的样子制作三个硬纸圆盘，分别涂满红、绿、蓝三种颜色，颜色要纯正（也可以贴上三种彩色的纸），沿着一条半径切开一个槽，然后沿着槽口把两个圆盘交错地插在一起，套在一个陀螺上。这样红、绿、蓝两个扇面可以随意调整。现在你就可以研究各种色光的混合了。

先来研究红光和绿光的混合，调整扇面使陀螺表面上只露出红色和绿色的部分。先让红色占绝大部分，不断地增加绿色占的面积，每改变一次，就转一下陀螺，观察一下混合后的颜色。随着红、绿的比例变化，你会逐步地看到橙红、橙、黄和绿黄这几种颜色。然后再来观察绿和蓝的混合，先让绿的面积大，逐渐增加蓝的面积，每次转动一下，混合色会由绿变成绿蓝（孔雀蓝）、蓝等。最后用红和蓝做实验，你可以观察到紫红、深紫等颜色。

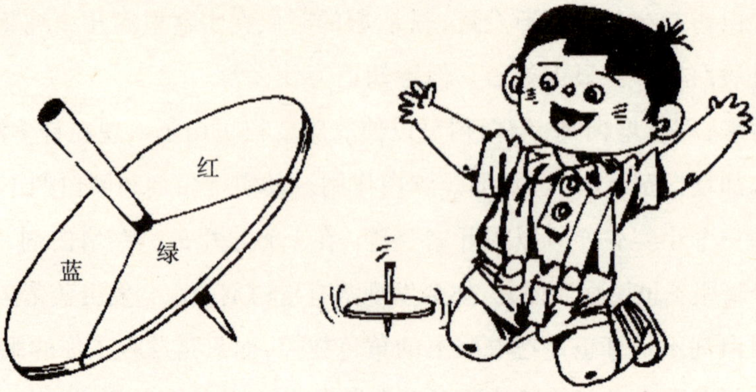

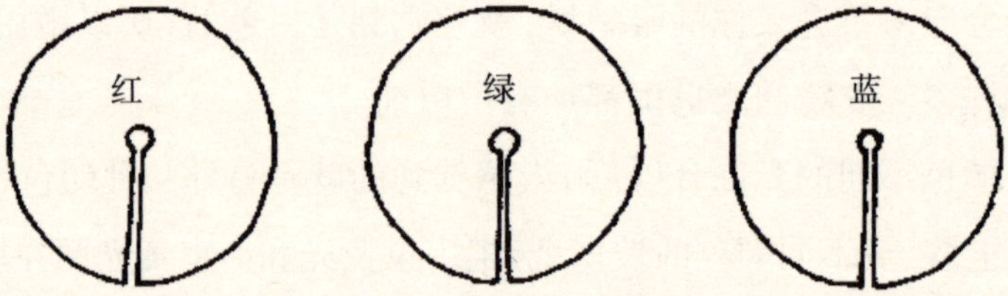

把红、绿、蓝按一定的比例混合，可以看到灰白色，不同的比例可以组合出许多颜色。

麦克斯韦做这个实验先后用了5年的时间，一开始他用红、黄和蓝三种颜色研究，但是失败了。后来改为红、绿和蓝。因为色光（颜料反射出来的光）的混合和绘画时颜料的混合不是一回事。

彩色电视机屏幕上的五光十色，就是利用了红、绿、蓝三种光按不同比例混合得到的。不信，你可以在看彩电的时候做个实验。用一个放大镜或爷爷的老花镜凑近正在播送节目的电视屏幕看看。在放大镜里你会看到屏幕上的彩色图像，变成了一些紧紧挨在一起的彩条，它们是由红、绿、蓝三种颜色的彩条组成的。

色光的混合跟颜料的混合不同，一个是相加，一个是相减。

各色颜料只反射与自身一致的色光，吸收其他的色光。如果一个物体的表面不吸收任何色光，毫无保留地反射各种颜色的光，那么什么光照射上就是什么颜色，阳光下它就是白色的。当然，每种颜料并不是非常纯粹地反射和自己一致的色光,实际上还反射一些在光谱上顺序邻近的色光。

红颜料和绿颜料混合起来是黑紫色,这是红色颜料反射的光被绿的吸收了,绿颜料反射的光被红的吸收了的结果。黄颜料和蓝颜料混在一起,变成绿色是因为:黄颜料除了反射黄光以外,还要反射邻近的橙光和绿光。同样,蓝色颜料除了反射蓝光以外,还要反射邻近的绿光和靛光。把黄颜料和蓝颜料混合在一起以后,因为黄颜料把红、蓝、靛、紫色光吸收掉了,蓝颜料把红、橙、黄、紫色光吸收掉了,反射光中就只剩下了绿色光。因此混合后的颜料看上去就是绿色的。

不存在的颜色

如果你长久地注视过发亮的天空,或偶然看了太阳一眼,眼前就会出现一个有颜色的斑点。眨一下眼睛,这个斑点就会变得更清楚,而且颜色还在不断地变化。

为什么会出现这种色斑呢?研究它又有什么用处呢?

让我们来做一个小实验,这个实验绝不是让你去注视太阳,注视太阳是危险的,强烈的阳光会伤害你眼球中的视网膜。

注视一个被阳光照亮的红色物体,目不转睛地注视一两分钟,然后突然抬起头来,把眼睛转向白色的天花板。这时候,你会看到一片飘浮着的蓝绿色,它的轮廓和红色物体一样,而且色彩非常鲜艳。这种颜色可以连续存在几秒钟;如果消失了,只要你眨一下眼睛,它又会再出现。

这是一种只有你的眼睛才能看到的颜色,它的出现也是有规律的。你注视绿色物体以后会看到紫红色,注视蓝色物体以后会看到黄色或橙黄色。这种现象叫眼的"负后像"现象。

要想了解负后像现象形成的原因,就要先知道眼睛为什么会对颜色有感觉。一般人的眼睛可以分辨出 120 种颜色。如果在不同颜色的衬托之下，经过训练的专业工作者，竟然可以分辨13000多种颜色。可见人眼辨色的能力是相当惊人的。

人眼是怎样分辨出这么多种颜色的呢？是不是需要有成千上万种视觉接受细胞来分别接受各种颜色呢？1802年，英国物理学家托马斯·杨首先提出，只需要少数几种，例如红、绿、蓝三种色觉细胞就够了，三种颜色以不同比例混合，就会产生无穷无尽的颜色。这就是说，人每看一种颜色，三种色觉细胞都在协同工作。

现代的生理解剖发现，小小的视网膜竟然是一个结构既复杂又精巧的庞大组织系统，视网膜是一层贴在眼球内面、厚度仅有0.3毫米的薄膜，然而，它却包含有上亿个视神经细胞，排列成三层：第一层细胞用来感光，它能把透过眼球水晶体成像的光转变为电信号，随着成像光的明暗、色彩不同，所转变成的电信号也不同；第二层细胞用来接收并分析所收到的电信号，经过它们的分析处理之后，再经第三层把信号传输给大脑。

研究发现，视网膜上的感光细胞分成圆柱细胞和圆锥细胞两大类，形如杆状的圆柱细胞只能感光，但不参与色觉。它们在光较暗时工作，对光的敏感程度较高。在夜间活动的动物，如鼠、猫头鹰的视网膜上，只有圆柱细胞，它们都是“色盲”；圆锥细胞既能感光又能辨色。总在白天活动的动物，如鸡、鸽和一些其他鸟类只有圆锥细胞，它们具有良好的辨色能力，在夜间却没有视觉，都是“夜盲”。而那些在白天和夜晚都活动的动物，两种细胞兼而有之。

20世纪70年代之后，人们用微电极研究色觉取得了很大的进展。把电极刺入圆锥细胞，发现圆锥细胞确实有三种，它们分别对红、绿、蓝三色光最敏感，从而初步证实了托马斯·杨在150年前的预言。

红、绿、蓝光按不同的比例射入眼睛的时候，因为它们兴奋的程度不同，感觉到的颜色就不同，就像三种颜色的接收机。

当你长时间注视着红色物体的时候，那些专管接收红光的神经细胞就变得十分疲劳，它们的工作能力开始减弱。等你转眼注视白色天花板的时候，那些刚才没有工作的绿的和蓝的接收机反应强烈，而红的接收机则反应较弱，所以送到大脑中的信息是以蓝、绿为主，因而你感觉到的是蓝绿色，所以这是一种只存在于你大脑中的颜色。

最黑的东西

世界上什么东西最黑？是黑布、黑丝绒还是锅底上的煤烟？

如果一个物体能把照在它上面的光线全部都吸收掉，这个物体就算得上是最黑的。但是实际上，无论是黑色的丝绒还是锅底的煤烟，都能反射很少的入射光，它们不是最黑的东西。

还有一种很黑的东西，就是一个洞口。洞口看上去总是黑黢黢的，它比一个墨点还黑。不信，你可以做一个实验来比较一下。

找一个装皮鞋的纸盒，把周围用厚纸糊好，使它密不透光。在盒子的一端挖一个直径1厘米左右的洞，在洞口旁边涂上一个墨点。你就可以比较这个墨点和洞口哪一个更黑了。

洞口比墨点更黑，原因是光线进到洞口里以后，就像掉到陷阱里一样，要想再从洞口里走出来是很不容易的。因为光线总是从一个面反射到另一个面，每反射一次就被盒子内壁吸收掉一部分，经过多次反射以后，光线的能量所剩无几了，即使恰好能从原来射入的洞口射出来，也十分微弱了。对着镜子看看自己眼睛的瞳孔，它总是黝黑的，因为它也是一个接纳光线的洞口。

在科学研究上，类似这样洞口的实验装置叫做“绝对黑体”。在近代物理学之一——量子力学的建立中，绝对黑体实验曾立下汗马功劳。

在宇宙中最黑的星体叫做“黑洞”。黑洞被定义为宇宙中具有超高密度的区域，它的引力极强，以至包括光在内的任何物质只要进入都无法从中逃逸。

光线只进不出，所以黑洞是看不见的，它不发光也不反射光。宇宙中的黑洞是一颗“死亡”的恒星，一颗质量比太阳大10倍的恒星，在耗尽了内部的“燃料”以后，就会坍缩为直径只有60千米左右的黑洞。因此黑洞的密度相当大，它上面的一粒沙子，比地球上的喜马拉雅山还要重。

黑洞既然不发光也不反射光，那么天文学家是用什么方法发现它的呢？原来，当黑洞周围的气体、尘埃在巨大的吸引力作用下，迅速地进入黑洞的同时，由于运动速度极大，温度很高，所以会发出X射线。虽然这种X射线不是黑洞直接发出的，但是它暴露了黑洞的存在。天文学家就是利用这种方法推断黑洞的位置。在X光图像中，气态物质都被吸引到高密度天体外围呈螺旋形按两个方向中心靠拢，高温星体气体接近高密度天体时就突然消失，其X图像表现为发亮的碟形中央有一黑点。

密歇根大学道格拉斯·里奇斯通领导的一个国际天文学家小组通过观察附近30个左右的星系，新发现3个质量相当于5000万到5亿个太阳的黑洞，其中两个位于狮子星座，一个位于室女座。

一个小洞有什么用？

世界上再也没有比一个小孔更简单的东西了。有人在形容自己一无所有的时候常说：“我的口袋里除了一个洞以外，什么也没有。”

小孔真的没有什么用吗？如今我们且不说小孔的其他作用，只讲一讲小孔在光学中的作用。

最为人所知的是小孔成像，在树阴底下，我们能看到太阳的像，这是交织的树叶形成的小孔所为，这个问题不在这儿赘述。

我们重点说说照相机上的小孔。在照相机镜头的前面有一个“小孔”，叫做光圈，学名叫光阑。你知道它的作用吗？

照过相的同学都知道，要想照出高质量的照片，不会用光圈是不行的。

说简单了,光圈就是镜头前面的一个可以改变大小的小孔。光圈除了控制进光量以外,更重要的是相片的景深。

什么是景深呢?

理论上说,相机镜头的焦距只能对准一定的位置。如果只照清楚一个人的面孔,后面的东西就模糊不清了,我们说景深小;当你在一张照片上把远、近的景物都照清楚的时候,我们说照片的景深大。而控制景深的就是光圈的大小。

为什么光圈小的时候,远近的景物就都能照清楚呢?这是由于小孔对于进入镜头的光束的限制作用。光学定律告诉我们,透镜在成像的时候,只有靠近光轴的光线才能精确地汇聚在一点上(光轴是通过透镜光心的光线),而远离光轴的光线则不能这样。在照相的时候,远离光轴的光线虽然可以增加亮度,但在清晰度上,只能帮倒忙,使本应该汇聚在一点的光线形成了一个光斑,这就是照片不清晰的原因。

如果光圈小一点,挡住了旁边的光线,虽然进来的光线少了一些,但是像清楚了。当然在调小光圈的时候还应该把感光时间相应地加长。

我们的眼睛里也有一个光圈,这就是瞳孔。许多人都知道猫的瞳孔变化最明显。中午太阳光强的时候,猫眼的瞳孔缩得很小。这是为了挡住过多的光线进入眼睛里。人的眼睛是一种无可比拟的高级光学仪器,水晶体可以自动调节,看清远近的东西。

但是患有近视的同学都有这种经验,当你看不清楚远处的东西的时候,会自动地眯起眼睛,这时候就会看清楚一些。这个方法不仅对近视眼的人有效,对老花眼的人同样有效。笔者就是一个老花眼的人,对近处的东西看不清的时候也常用这种方法来解决。实际上,这是在调整你眼睛的光圈(眼睛的瞳孔不会自动这样做)。眯起眼睛就限制了旁轴光线的进入,在视网膜上形成的像就清楚了。由于光线进来的少了,所以患近视眼的人喜欢在光线强的地方看书。

无论是患近视还是远视甚至散光的人,都可以做一个用小孔来增强视力的实验：在一张锡箔纸上用大号针扎上一些小孔，直径1~2毫米。开始用裸眼盯住一张有许多字的纸片，把纸片放在眼睛看不清的位置上，不要移动纸片和眼睛，再把有小孔的锡箔纸放在眼睛和纸片之间，这时纸片上的字迹就清楚了，移开后纸上的字又看不清楚了。这正说明了小孔增强视力的作用。

傻瓜相机照相不必调焦，除了它的镜头焦距短以外，还有一个原因就是镜头光圈比较小，小光圈使它的景深加大，这也是它不用调焦就可以照清楚远近不同的景物的另一个原因。

肥皂膜上的色彩

在一个瓶口上沾上一层肥皂薄膜，把瓶口慢慢地转向自己，就会看到肥皂膜像镜子一样闪闪发亮，反射着天空的光（不是太阳直接射来的光，而是天空的散射光）。只要你注意观察，你准会在肥皂膜上看见一条条彩色光带。

肥皂膜本身没有颜色，那么，这些颜色是从哪里来的呢？

这是由肥皂膜的前后表面反射回来的两组光波相遇后形成的。光波像水波一样也有波峰和波谷，当波峰和波峰相遇的时候，光波就会加强（波谷和波谷相遇的时候也是一样），加强的地方就显得明亮，反之当波峰和波谷相遇的时候就会互相削减。

大家都知道，白光是由各种不同波长的单色光波组成的。在薄膜上，哪些波长的光波会加强，哪些波长的光波会相互削弱，这和薄膜的厚度有密切的关系。由于竖立着的肥皂膜上的肥皂水慢慢地向下流动，形成下部厚、上部薄的一层薄膜。

如果在某一部分，膜的厚度恰好使它的前后表面反射回来的两组红光相互抵消了，在这个地方你看到的就是失去了红光的白光，看上去就是蓝绿色。而在另一部分,由于膜的厚度改变了,相互抵消的就是另一种光波,呈现出来的就是另外一种颜色。肥皂膜就是这样把白光分解开来。这种现象叫做光的干涉现象,形成的颜色叫做干涉色。肥皂膜上的彩色条纹为什么基本上是水平的呢?这是由于肥皂膜在同一水平线上厚度相同,厚度相同的地方,由干涉现象产生颜色也相同。

在自然界里有许多光的干涉现象:下雨以后,马路上会出现一些积水,如果有汽车排出的废油滴在水面上,形成一个极薄的油膜,油膜上就会出现环状彩色条纹。油膜上的不同颜色是由它的不同厚度决定的。由于油膜厚度不均匀,所以它就构成了一幅光怪陆离的复杂图案。

在玻璃窗上有时候也能够看到五彩斑斓的颜色,这是因为某些物质挥发的蒸汽在玻璃窗上凝结成了一层透明的薄膜所形成的。

衍射光现象并不神秘

“光会拐弯吗?”如果向你提出这样的问题,你一定会感到奇怪。光直线传播,最简单的证明就是观察物体的影子,在日光(或一盏白炽灯)照耀下,物体都会形成一个和自己类似的影子,说明光不能绕过不透明的物体。

但是,问题不是那么简单。远在三百年前,意大利有一个叫格里马弟的数学教授,就察觉到物体的影子常常带有一个彩色的边缘,他还发现物体影子的实际大小和假定光按直线传播应该有的大小不相同。这些现象使他对光的直线传播发生了怀疑。如果光在遇到障碍的时候,不改变直线前进的性质,那么影子的边缘应该是清晰的,影子为什么会出现彩色的边缘呢?这只能用光在这些地方发生了弯曲来解释。

声音是直线传播的,但也有绕射现象。在一堵高大的墙下,你如果靠近墙壁发出一个喊声,站在墙那边的人一般不会听到喊声。因为墙壁把声波阻挡住了,如果站得离墙远一些,或者墙矮一些,这时候声波就会绕过墙壁,使墙那边的人听到你的声音。这是声波的绕射现象。

光的绕射现象并不是罕见的。只要注意观察,在日常生活中也能看到类似的现象。现在让我们先举一个最明显的例子。

在山区看过日落或日出的人,差不多都看到过这样的现象:当太阳刚刚没入山脊的时候,如果站在山头的阴影中观看山顶上的树木,会发现树木的边缘常常镶着一道亮边,这道亮边放射着耀眼的光芒,而出现在天边的一些小乌云或其他的小东西也变成一个个耀眼的亮点。

为什么人已经站在山头的阴影区内,还能看到耀眼的阳光呢?这是由于阳光在经过树木或其他障碍物的边缘的时候,一部分光线发生了弯曲,改变了前进的方向,进入山头的阴影区。这些光线都是来自物体的边缘,所以树木等物体好像镶上一个明亮的银边。

光的绕射,也就是光的传播路径弯曲了,叫光的衍(yǎn)射。一般人认为光的衍射实验需要精密的实验仪器。实际上,只要有耐心,通过下面这个简单的实验,你可以清楚地看到这种绕射现象。

在一个放大镜上,用毛笔点上几个小圆墨点(墨点的直径是1~2毫米),关掉房间里所有的灯。把一个手电筒的反光罩取下来,或把黑纸剪成漏斗形遮在反光罩上,只露出小电珠来,形成一个点光源。把手电筒放在一个较高的桌子上面,点亮小电珠。然后,你走到房间另一边的一张桌子旁,把你的肘支在桌面上,以便保持稳定。一只手蒙住一只眼睛,用另一只眼睛透过放大镜观察手电筒发出的亮光(有墨点的一面应该向着手电筒的光)。然后慢慢前后移动放大镜,你一定可以找到这样一个位置。这时候,放大镜整个镜面看上去都被光照得很亮。仔细地观察在光亮背景衬托下的小墨点,你一定会吃惊地发现:每个墨点中间都有一个亮点,好像墨点透明了一样,而在墨点的周围是一些明暗相间的环。

这说明光在墨点周围发生了弯曲,你在墨点的正中心能看到亮点就是因为光绕到了那里,这个实验称作圆盘衍射实验。

小孔衍射实验揭示出了光的波动性。关于光的本性的争论,科学家曾经争论过300多年。以大科学家牛顿为首的一派说，光是由一些跑得飞快的小粒子组成的，这是光的微粒说；另一派认为光是波动。光的衍射实验则给波动理论提供了重要的证据。

防伪的奥秘

有人怀疑彩色复印机的出现会为犯罪分子造假钞提供方便，但是科学为我们创造了一种新的防伪办法——超微棱衍射图案技术。使用这种技术，在钞票上面印的字从正面看是红色的，稍一倾斜就出现绿色或黄色。这种纸币在复印后，则会失去变色功能。

这是为什么？先让我们用旧唱片来做一个实验：

一般唱片是黑色的，但是从某一个角度望去，它上面会呈现出绚丽的色彩。你相信吗？怎样才能欣赏到唱片的彩虹呢？

站在窗前，把唱片水平地举到和眼睛差不多高的位置，以一只手为轴，慢慢地转动它，同时注意观察从唱片凹槽上反射过来的远处光线。转到角度合适的时候，你会看到一大片彩虹。这是由许多组光谱组成的，每组光谱都包括由红到紫的七色。这和钞票变色的原理一样。

唱片上刻有密集的凹槽，它们均匀地排列在唱片上。光波射到这些凹槽上的时候，就会向四面八方散射开来。这些散射的光波相遇后会发生加强和减弱，结果就把白光分解成了彩色的光谱。这个实验有力地证明了光的波动性。

1821年，德国物理学家夫琅和费首先利用很多彼此平行的细金属丝制成了第一个“衍射光栅”。金属丝的数目每厘米是一百三十六条。在科学实验中常常要使用优质的光栅。它是在一块玻璃的镀银面上用金刚钻刻成的。那上面的刻痕要求排列均匀，而一个供科学实验用的衍射光栅在一厘米宽的间隔内则有上万条或更多的刻痕。光栅在科学实验中最重要的用处，是对从物质发出来的不同颜色的光进行精确的分析，从而判断物质的化学成分；科学家还利用光栅分析分子和原子的结构。

唱片是一个粗陋的光栅。一个慢转密纹唱片在一厘米宽的平面上只有一百二十条凹槽。但是激光唱盘的凹槽要密得多，所以在激光唱盘上很容易看到彩色。

钞票防伪使用了光栅技术。超微棱衍射图案技术就是在钞票的某一个部位通过印刷形成有规律的凸凹不平的光栅，所以才能产生变幻的色彩。复印的伪钞票失去了这种光栅效应，所以可以立即识别。

为什么 DVD 比 VCD 更好?

VCD的一个缺点，就是一张光盘里装不下一个电影，情节紧张之时要停一下，换一张光盘，有点煞风景。这不是真正的家庭影院享受。

后来推出的一种数字视盘(简称DVD)，使光盘的容量增大一倍。DVD的一面可以装一部电影，两面足以存储两部故事片，只是在播放第二部电影时需要翻转光盘。其实容量的增加不只一倍，DVD 单面单层记录容量是现在光盘的 7.23 倍。

光盘是如何记录信息的？光盘记录二进制信息的原理是，在光盘记录介质烧蚀凹点，用凹点记录“1”，用平台记录“0”。凹点和平台组成的信息轨迹形成一个螺旋状。数据读取的原理是通过激光头聚焦在盘面的信息轨道上，由于凹点和平台对光的反射强度不同，便能检测出轨道上记录的每一个二进制符号。

怎样在光盘里再多装一些东西呢？居家过日子，有的人家里收拾得整齐有序，有的人屋子里很凌乱，显得很拥挤，在光盘里储存信息也是同样的道理。能干的家庭主妇很会利用空间，把东西放得紧一些密一些；再就是能压缩的东西尽量压缩，例如一种存放棉被的方法：就是把棉被里的空气抽尽，封装在一个塑料袋里，就像一个软皮罐头一样，体积大大减小。商场里有一种枕头就是采用抽真空的办法存放。计算机存储信息时采用的也是这两种办法：一是尽量把信息存的密集一些；另外就是压缩信息。

先说说 DVD 是如何努力把信息存得更紧密。DVD 盘片上数据轨道凹槽的间隔比 VCD 缩小了一半。VCD 上螺旋形光轨道的长度大约 5.4 千米，而 DVD 上每面的光轨道长度将达 11.8 千米，长度增加了一倍。

之所以能增加信息的密度是因为采用新一代的激光器，过去的 CD 机使用红外激光，其波长为 780 纳米，即约为一根人头发丝的 1/100。而新的 DVD 视盘机，则使用了波长为 635 纳米的光。由于新激光器所用的波长比目前 CD 中用的红外线短，所以其光束可以聚集到只有目前 CD 机中光束的一半那么细。

光束不能无限小地聚焦的原因是光的波动性，前面我们知道在很小的范围内光表现出波动性。由于光的波动性，聚焦成的光点不是一个很小的点，而是一个圆盘。这是光的衍射现象。所以盘片上数据轨道凹槽的间隔太小，波长大的光波就不能“感知”，而波长短的则可以。所以只有减小激光的波长才能提高光盘记录信号的密度。

除了提高存储密度，还要压缩信息。在我们传递的信息里有许多是无用的可压缩的，就像枕头里的空气一样。例如，两个人聊天时，许多话是“废话”，真正传递信息的可能一句话就行了。我们在日常生活中也会不自觉地大量使用信息压缩技术。例如，熟悉的人之间一个眼神、一个手势都能代表大量的信息。最新的压缩技术使 DVD 信息存储量大大提高。

DVD 光盘的另一个改进是它的厚度只有激光唱盘的一半，其目的不是为了省材料。科学家发现光盘的厚度越薄，图像越清楚。照镜子时，不知你是否察觉，在镜子的平整度一样的情况下，镜子越薄，影像越清楚，这是由于镜子有前后两个反射面，前反射面反射的图像会干扰后面镜面的反射。DVD 薄了强度不好，所以把两个 DVD 光盘背靠背地黏合在一起，整个厚度将制成与现在的 CD 一样。DVD 光盘可以只用一面（另一面是空白),也可以两面都用。

由于存储空间的加大,在DVD上能存储更多的数据。例如可以配置多种语言和字幕供观众选用,可以配上英语也可以用中文解说,用方言粤语也可以。这一优点对制作商来说更为明显,他们可以把多种语言的配音加入一个光盘中,有助于扩大发行量而降低制作和加工费用。

因为存储量大,DVD使用5.1声道(5个扬声器加1个超低音扬声器)的音响系统将为你呈现剧场的全部声音效果。当然,DVD要求高清晰电视和更完善的音响,使用目前的设备就不能充分发挥DVD的优点。

镜子中的"宝光"

在我国的四川省,有一座秀丽而又雄伟的峨眉山。峨眉山上的金顶峰有一个引人入胜的奇景,叫做"峨眉宝光"。午后,当太阳达到一定的角度时,从舍身崖远眺,有时候会看到对面云层中出现一个巨大的七彩光环。环的最外圈是红色,从外圈到内圈,依次是橙、黄、绿、蓝、靛、紫,排列的次序和天上的彩虹一样,有时候还可以看到好几道这样的彩环。因为它有些像佛像上的光圈,所以又有人叫它"佛光"。

这是一种世界上稀有的空中奇景,是峨眉山特殊的地理和气候条件造成的。类似的景象在其他的地方,例如我国的黄山、德国的布劳甘山,有时候也会出现。过去,布劳甘山的居民不了解其中的科学道理,十分害怕这奇怪的现象,认为是山中的幽灵显影,因此把这种现象称作"布劳甘幽灵"。

想看峨眉宝光的人非常多,但是,并不是人人都有机会去一趟四川。而且,即使是登上峨眉山的顶峰,也不一定每个人都能幸运地遇上宝光。

下面让我们在家里做一个实验,自己动手,制造一个类似"宝光"的奇景来欣赏一番吧!

用一团棉花沾上一些爽身粉,然后在一面小镜子上轻轻地、均匀地拍打。镜子的表面就会沾上一层薄薄的爽身粉。使屋子变暗，并把镜子放在地板上。打开手电筒，把它举在你的额头前，让手电的光束向下正对着镜子(见右图)。

把手电筒举到和头一样高的位置，站在距离镜子大约一米到两米远的地方，向镜子照去。你会在镜子中看到手电筒的像。像的周围有一条一条美丽的彩环。每一个彩环都是由七种颜色组成的。红光在外面，按着光谱的顺序排列，你能看到四五个这样的彩环，不过是以红黄为主。如果镜面上蒙有灰尘，或者在镜子上面呵一口气，用上面说的方法也可以看到类似的彩环。有人在镜子前面喷出水雾代替灰尘，也可以观察到类似的光环。

这个有趣的现象曾引起包括牛顿在内的许多科学家的研究。这种现象称为散射光的干涉。白光是由不同波长的光组成的，在遇到微小的尘埃时，前进的方向发生微小的改变，波长不同的光改变的角度不同，所以出现了彩色的光环。

蒙着面纱观看远处的灯光，有时候也会在灯光的周围看到彩色光环。利用这种原理制成的特殊的滤光片装在相机镜头的前面，拍摄人物时会在人物的头部附近形成一个光环。迷信的人也许会相信某人的头上真的有“佛光”，其实这是骗人的把戏。

峨嵋宝光的成因也是散射光的干涉。峨眉山有着特殊的地理环境，在那里空气非常潮湿。峨眉宝光的形成和这些浓密的水滴分不开。在舍身崖下常常像海浪一样布满多层云雾,这叫“海底云”,而云层上面则是万里晴空。当强烈的阳光照射在一片浓密的云雾上面的时候,这片云雾就会像镜子一样反射阳光,所以在雾中可以出现游人的影子,跟我们的实验情况类似。但是峨嵋宝光的成因比较复杂,它是地球物理研究项目之一,科学家们作了多种解释,以上介绍的只是其中的一种猜想。

电磁学

雷达煮肉——微波炉

一天，美国雷西恩公司的一位名叫珀西·斯潘塞的工程师正在全神贯注地做雷达起振的实验。忽然，他的同事看到他胸前的衣兜上渗出暗黑色的血迹，就慌忙地说：“你受伤了，上衣袋那儿渗出血了！”

珀西用手一摸，湿乎乎的，脸色立刻变得煞白。可是这时他突然明白了，是上衣袋里的巧克力糖融化了，真是一场虚惊。

珀西换了一件干净的衬衣又继续工作，但是巧克力糖为什么能融化呢？

珀西正在研究波长为25厘米雷达电波在空间分布的状况，此时雷达天线正在发射着强大的电波。

这件事情引起他极大的兴趣，他在思考，是不是雷达波的作用。忽然，脑子一亮，他想通了，一定是！

我们知道，世界上的物质都是由带电粒子组成的。电磁波是变化的电场和磁场组成的。电磁场的方向不断地变来变去，巧克力内部的分子来回振荡，分子间激烈地彼此碰撞产生热量，温度升高，巧克力便融化了。

这种加热方式和传统的加热完全不同。当我们在锅里煮一个鸡蛋或一块肉的时候，热量是从外面慢慢传进去的。外面的蛋清已经煮老了，里面的蛋黄还没有太热，为了把整个鸡蛋煮熟，就要延长加热时间而浪费许多热量。如果用雷达波加热食物，每一小部分都在电磁波的作用下同时热起来，并不需要热的传导，因此非常省时。想到这里，珀西立即动手制作了一个用雷达波烤肉的灶具——现在我们叫做微波炉。

“炉子”的核心是一个叫做磁控管的装置。它能发出波长1毫米到1米范围的看不见的微波，食物内部的分子以每秒1千兆～1万兆次地来回振荡，彼此激烈地碰撞而温度升高。有的微波直接照到食物上，有的则经箱子内壁的一次、两次或更多次反射以后，再照到食物上。微波炉能在很短的时间内烧、烤、炖食物，它还能解冻食物。由于微波一次穿透食物只有几个厘米的深度，所以加热的食物最好切成片或经常翻动。

微波炉加热食物时只对富含水分的食物起作用，盛食物的瓷盘子却不会被加热，所以当你从微波炉中取食物的时候，盘子不太烫手。

微波不仅用来加热食物，筑路工人已经用它来加热铺路的柏油。美国哈维实验室在研究一种拆除原子能反应堆混凝土建筑的方法，由于有放射性不允许扬起一点灰尘，科学家想到了用微波加热混凝土中含的水分，水在变成水蒸气的过程中膨胀，就会使混凝土炸开。在此过程中不会产生任何灰尘。

微波是战胜癌症的利器

有一次有一个癌症病人高烧不退，家里人已经为他准备后事了。但是，在高烧退去后，病人的癌肿竟完全消失了。这件怪事引起了医学界的重视，经过研究发现癌细胞比一般的正常细胞对热更敏感。高烧杀死了癌细胞，这就是高烧后在癌症病人身上发生的奇迹。

不过温度的控制是十分重要的，不然就会损坏正常的细胞。1975年德国科学家佩蒂克大胆地使用了一种全身麻醉加热的方法。他把麻醉后的病人放到50摄氏度的石蜡液体中，同时让他吸入高温气体，使体内达到41.5~41.8摄氏度。据说治愈了很多肿瘤病人。

但是有的癌肿要更高的温度才能杀死。例如：用热杀死脑癌的温度阈值是43.5摄氏度。但是人体不能长期处在这样的高温下，应该有一种局部加热的办法才行。科学家想到微波加热的原理，但是把整个人放在微波下烘烤，是非常有害的。后来想到，把微波辐射器做得很细很小，再送到有肿瘤的部位。这就是先进的微波介入治疗法。对于肝癌的病人，医生先用超声仪器判断肿瘤的位置，精确地引导探针穿刺到病变的部位，再植入微波辐射器，利用微波产生的热量消灭肿瘤细胞。细小的微波辐射器可以从口腔中送到食管里，这种微波发生器可以把食管中的癌细胞杀死，使堵塞的食管畅通。对于前列腺肿大也可以用类似方法治疗。

还可以把极细的微波发生器送到血管里烧去血管管壁的多余物质，使血管内壁变得光滑和富有弹性，目前在许多医院里已经可以进行上述手术了。

目前关于移动电话手机微波对人体的危害正在研究，手机在接听电话时靠近大脑，会对大脑有加热作用，许多科学家认为对大脑有害。

但是也有人提出用微波代替居室内暖气加热的设想。低量的微波对人体无害，只能穿透人体皮肤的浅层，但是能使人感到温暖。由于家具不吸收微波，仍然是冰冷的，可以在家具的表面涂上吸收微波的材料，使沙发等的表面温暖宜人。

没有输电线的发电站

电是要通过电线来输送的。但是如果在月球上建立一个太阳能发电站，要如何向地球输电呢？

先讲一个故事：据说从前美国驻某国大使馆的工作人员经常感到身体

不适，却又查不出什么病来，也许是水土不服吧！于是大使馆的工作人员轮流定期回国休养。

有一次国内派来了一位电子专家对使馆内的电子设备进行例行公事检查。他无意中发现有一束微波每天定时照射这个大使馆，大使馆的工作人员正是由于受到过量的微波照射才影响了健康。

原来，大厅墙上的一个木雕雄鹰是微波照射的目标。鹰是美国的象征，是大使馆所在国家为了表示友好送给美国大使馆的，送来后就一直挂在这个会议大厅里。

拆开木雕才发现，里面有极小的窃听器，这个窃听器没有电源，实际上也不可能装电源，因为窃听者没有机会给它更换电源。它的能量是由一束微波送来的。当微波束照射这个木雕像时，窃听器便开始工作，并把大厅中的声音由一束微波送回去。这种设计真是太妙了。

这是一个微波传送能量的实例。如果把这个思想用到空中飞行的飞机上，飞机就可以从地面射来的微波束中得到能量。1987 年 9 月第一架无人驾驶的微波飞机在加拿大渥太华郊外的上空悠然自得地盘旋，它的能量来自飞机肚子下面的圆盘天线，一个像电话亭大小的发电机组把能量通过微波送上天空，飞机接收到微波后，再转化成电力驱动螺旋桨。未来的微波飞机可以不着陆地环球飞行，部分代替卫星的工作，不过要每隔一二百千米设一个微波发送站。

有朝一日用微波的能量可把航天飞机送上太空。用火箭发射时，大量的能量浪费在火箭本身上，而一个航天飞机并没有多重，用微波发射可以节省 20 倍的经费。

预计在下个世纪，人类将在月地之间建立一个大型太空城，太空城由于能充分利用太阳能来发电，所以向地球出口的贸易中电力占主要成分，向地球输送电能的最好方法是通过微波束，当然飞机或生物穿过微波束的时候会受到严重损害，不过地球上有许多荒无人烟的沙漠，在那些地方建立微波接收站就可以避免意外事故的发生。

当然，微波的能量也被用于战争。高功率微波武器又称射频武器，它利用释放出的高功率微波脉冲能量，破坏或烧毁敌方的雷达，可使敌方飞机的航空电子和瞄准系统失灵，也能使巡航导弹、雷达制导导弹、火控电脑等电子设备失灵。甚至还可以损伤作战人员，使其丧失作战能力。

唱片上的潜影

找一张旧唱片或一张塑料板，拿一块呢绒在上面迅速地摩擦使它带电。用一个手指在唱片上“画图画”，当然，画出来的这个图画是眼睛看不见的。

放点面粉在一张纸板上，再把它吹到唱片上，结果是面粉被带电的唱片吸引住一部分，而在手指画过的地方几乎没有面粉或吸住得很少，于是刚画过的图画就在唱片上显现出来了。

这个实验最初是300年前美国著名的科学家富兰克林在他的客厅里，当做一个游戏做给来访的客人看的。

富兰克林做这个唱片的实验的时候，并没有想用它来复印什么文件，但它就是复印机的原理。

到了1930年，美国科学家卡尔森才想到把它用来复印文件。卡尔森毕业于美国加利福尼亚工科学院物理系，他一直想研究一种能迅速复制文献的方法。他花费了4年的时间去纽约公共图书馆查阅有关复印的技术资料，最后提出用光电的方法来复制文件的方案。后来又经过许多人的努力，经历了37个年头，到了1960年才研制出第一台静电复印机。

他最初的实验是摩擦一块涂有硫黄的锌板，使它带上了静电，然后再在一块玻璃板上写上不透明的字压在带电板上，把它们放在灯下曝光。经过光照以后，没有字的地方电荷消失，而有字的地方因为光被字迹遮住，电荷仍然保留。所以在硫黄膜上就留下了由电荷组成的字迹，但是它不能直接用眼看到，所以叫做潜影。卡尔森拿走玻璃板，在硫黄膜上撒了些石松子粉，在有字迹的潜影处，由于有电，就把石松子粉吸住了，他小心地把一块蜡纸盖上面，并把它加热，石松子粉就嵌到了蜡纸上，于是蜡纸显出了字迹，这就是世界上第一张静电复印品。

在静电复印机里，用一块硒板代替刚才实验中的硫黄锌板，高压电源使它带上几千伏的高压电，然后用光电的方法在硒板上“写字”。具体办法是让一束强光把要复印的书页像投射在带静电的硒板上，有字的地方光照弱，没有字的地方光照强。强光能使硒板上的电荷跑掉形成不带电区域。有字的地方有电，没字的地方不带电，硒板上就形成一幅看不见的图画。

当油墨粉和硒板接触的时候，由于电的吸引，看不见的图画就变成油墨组成的画面，再转印到纸上，复印工作就完成了。

作怪的静电

公路上，一辆卡车在急驶，突然间一声巨响，从后面的槽厢里喷出一个火球，随即点燃了油箱。在司机刚刚跳出驾驶室的一瞬间，一声巨响，汽车报废了，司机也受了重伤。

造成这一不幸事故的原因，要从一塑料桶汽油说起，因为爆炸是从那里开始的。原来，为了长途行车，司机用塑料桶装了一桶汽油放在车后面。行驶过程中，桶里的汽油在不断地晃动中和塑料桶壁摩擦、撞击，由于汽油和塑料桶都是电的不良导体，摩擦产生的电荷不断地积累，而且越积越多。塑料桶壁和汽油之间开始放电，产生火花，就像打了一个小的闪电。就是这个小小的火花，点燃了汽油桶上面的汽油蒸气与空气的混合气体，引起了爆炸。

静电火花不仅会引起汽油的爆炸，砂糖、面粉、茶叶末、奶粉、咖啡粉、煤粉、铝粉、木粉等，如果在空气中悬浮的数量达到一定的程度，也都会因为静电火花或其他火花而产生爆炸。在工业史上，面粉厂、铝制品厂因为空中的粉尘太多发生爆炸的事常有发生。静电是在摩擦中产生的，在干燥的冬天用梳子梳头，常常可以听到噼噼啪啪的声音。这是梳子和头发之间在放电，我们从地毯上走过去摸铁门柄，常会在手指和门柄之间打一个火花。

如果你的手距离门柄1厘米左右就开始放电打火的话，那么你身上的电压至少等于电视机显像管阳极上的电压，也就是一万多伏，这个电压大约是我们点电灯的电压的50倍。既然人身上有这么高的电压，可为什么不会被电死呢？

这是因为，人被电死不能只看电压的高低，还要看通过人体的电流的大小，由于在一般情况下摩擦产生的静电电量很小，所以通过人体的电流也极小，对身体无害。

但是在一些工厂里，例如电缆制造厂，在卷绕电缆的过程中因摩擦带电，电压可以高达10万伏，积累的电量也很多，不小心用手去触摸电缆的人，有的被击倒在地，不省人事。

这些都是静电有害的一面。因此，很久以来，人们一直在和静电作斗争。消除静电的方法是把摩擦产生的电荷用异种电荷中和掉或导入地下。物理老师在给学生表演静电实验的时候，最怕的是阴雨天，因为潮湿的雾气中含有大量的水蒸气，实验中产生的静电在不知不觉中就被潮湿的空气导走了，这样实验也就不灵了。所以在易爆炸的工厂里应该保持空气的湿度，使产品上的电荷积累不起来。有的时候，在机器旁边放几大桶水就可以，这是一种很少被人想到而又很有效的办法。当然也可以使用一种阴离子发生器，使空气里带有大量的负电荷去中和摩擦产生的正电荷。总之，还有许多方法，这里不再一一举例了。

不过，自然界中任何一种现象都不是绝对有害的。静电现象在我们的生活中也有许多可以应用的地方，例如静电除尘，还有一种点煤气灶用的“枪”，用手一扣扳机，前端“枪筒”上就打一个火花，点燃了煤气灶。煤气枪里有一种特殊的物质叫压电体，扣扳机的时候对它产生了压力，于是在这个物质的两个表面上就会产生几万伏的高电压，产生火花放电，这也是静电的一种应用。

能举起喜马拉雅山的电力

当你用摩擦过的玻璃棒去吸引轻小纸片的时候，被吸引的小纸片轻轻一碰就会掉下来。你一定这样想过："电的吸引力太小了！"

电荷之间的作用力果真这么小吗？

这么小的力，研究它有什么用呢？其实电的吸力或斥力十分巨大，它在物质世界中起着非常重要的作用。我们觉得电的作用力很小的原因是由于摩擦带电的物体通常能带上的电量非常的少而且迅速地跑到空气中的缘故。

假使我们能使两个相距1米的同学，每个人都失去百分之十的负电荷（原来是中性），也就是说让他们都带正电荷。你能想象出他们之间有多么大的斥力吗？

计算出来的数字一定使你吃惊：这个斥力是650万亿亿吨力，足可以举起喜马拉雅山，不！可以举起几千个几万个喜马拉雅山。

当两个电荷靠得非常近的时候，也会表现出很大的作用力。在物质内部带电粒子之间的距离很小，大致是一千万分之一毫米。物质内部异种电荷相互吸引，同种电荷相互排斥，在平时吸引力和排斥力正好相互抵消。当把一个物体拉长时，电的引力就起作用，反抗拉伸；当把一个物体压缩的时候，电的斥力起作用，反抗压缩。正因为电的巨大斥力，所以很多东西很难压缩。例如，在水下10000米深处，水的体积也只能减二十分之一。所以电的作用力使物体保持了一定的形状或体积。

电鱼趣事

在人类还没有制造出第一个电池的时候，人类就发现了能放电的电鱼。在古代的希腊和罗马，人们还没有从愚昧无知的落后状态中解脱出来的时候，已经知道电鱼可以治疗癫痫病人。医生把正在发作的癫痫病人抬到一个养有电鱼的大木桶里。受刺激的电鱼就会放电，强大的电流刺激病人的脑子，就会使他们安定下来。

全世界大约有 500 多种电鱼。古罗马使用的电鱼名叫电鳗。电鳗能放出 500 伏以上的电。除了电鳗以外，还有许多发电能手，非洲鲇鱼能产生 350 伏的电。我国南海有一种形状像蒲扇的团扇鳐也是电鳐的一种。

电鱼样子很凶，但是肉嫩味美。非洲人在捕电鱼时先把牛群赶到有电鱼的水塘里，电鱼受到惊扰不断放电。电鱼不能连续放电，就像闪光灯一样，放电一次后，要积攒一段时间。待到电鱼电放尽的时候，渔民就可以下塘捕鱼了。

应该说，人类电池的发明也有电鱼的一份功劳。电池的发现首先受到生物电的启发。1794 年，意大利物理学家伏打将一铜片和一锌片插在盐水里，制成了直流电池，但是电流非常微弱。后来，伏打模仿电鱼电器官的构造，将一片一片的铜圆片和一片一片的锌圆片夹在一片一片的浸了盐水的硬圆纸片中，这样交叠起来组成的直流电池，伏打很高兴地把它称作"人造电器官"。然而，人造电器官与动物电器官相比，从它的精微结构到它的发电功率上都是远远不及的。

以电鳐的发电器官为例，它是由许多纤维组织间隔成的 600 多个小六角形柱状管组成的。每个管子里又有很多水平排列的电板，每一个管子都浸在一种胶质里，外面还有一种结缔组织包住，相当于一个小干电池，然后再把这些"小电池"连接起来，电板的腹部都有神经纤维联系。当神经中枢发出兴奋冲动时，电鱼的“发动机”就会发出强大的电流。

电鱼的发电效率很高，平均每克质量能发0.1瓦，是铅蓄电池的100倍。如果仔细研究电鱼的发电机制，有可能为宇航设备提供一种高效能源。

电鱼不光会用电吓唬人，还能用电进行通讯联络。例如象鼻鱼能用尾部的发电器向四周发射电脉冲，还能用背部的接收器接收电脉冲，这种背着雷达天线的鱼，通讯本领相当惊人，它不仅能用电波和百米以外的同伴建立联系，还能把电波从水里发出水外。

科学家正在深入研究电鱼通讯的原理，如果制造出类似的水下通讯装置，将会使目前的水下通讯和导航面目一新。

超导世界畅想

在21世纪，如果能获得在室温下具有超导能力的材料，我们将进入一个超导的世界，世界将发生天翻地覆的变化。

令人烦恼的电阻消失后，田野里将没有高压电线，因为超导输电线没有电阻，所以不需要高压输电，100伏的直流电压就可以从发电厂送到住宅，非常安全。由于电力在输送过程中丝毫没有损失，所以电力能被送到任何地方，送到穷乡僻壤。

电力的储存是人类的梦想，发电厂发出的电力，应该被全部使用才好，如果没有全部使用，回到发电厂，就会烧毁发动机。目前的方法是在夜晚没有用户用电时，关掉发动机组或用水库蓄能。北京十三陵水库就是一个蓄能水库。在电力过剩的时候，用电力带动抽水机把水送到高处变为水的机械能。在电力使用高峰，让水带动水轮发动机，把储存的机械能再变成电能。但是，这种方法造价高效率低。利用超导线圈储存电能是最理想的。超导线圈没有电阻，线圈中的电流，一旦通入就会永远在里面流动，以磁能的形式储存。电力变得很容易储存，也非常容易提取。

也许，未来街上跑的都是电动汽车。驱动电动汽车的也不是电池，而是一个体积很小的超导线圈，在这个线圈里储存着强大的磁能。线圈的磁能转变成电能供给汽车发动机的运行。磁能用完了，可以迅速地充加。作为汽车动力的超导电动机体积比现在的小一半还多，但是力量很大。

超导计算机的出现，将使一个普通的家庭里拥有比“深蓝”计算机运行速度还快的电脑，是现在计算机望尘莫及的。

超导电磁铁不会发热，可以通入强大的电流，产生极强的磁场，这将使许多东西大为改观：磁悬浮列车将很容易制造，乘上磁悬浮列车，不到半个小时，就从北京到达天津。乘客的时间主要是花费在进出车站上。

未来的超导使我们有了廉价的强磁场，医疗仪器将大为改观：超导核磁共振可以诊断出极小的肿瘤，由于构造简单检查费用大大降低，患者像验血一样可以随时检查。利用强磁场可以引导带有磁性的药物到指定的身体部位消灭癌细胞或其他的病菌。心磁图仪、脑磁图仪可以检查出微小的病变。超导量子干涉器件甚至可以对大脑的思维进行检测，揭开大脑思维之谜。

上述的事情不是幻想，从原理上说都已经实现，只是目前获得超导尚需要较低的温度，费用较高，设备也嫌笨重。目前说的高温超导也是相对液态氮的温度而言。

第一个发现超导现象的是荷兰物理学家昂内斯。1911年，他在很低的温度下发现随着温度的降低，水银的电阻越来越小，到了4.15K时（K是绝对温度，绝对零度为−273.16℃）水银的电阻不再缓慢地减小，而是突然一下子降到了零。这说明，在4.15K（−269.01℃），水银进入到超导态。

当时，要想使用超导体干什么事，得把它“埋在”超低温的液体氦之中。可是液体氦的价格昂贵得惊人，不仅它难于制造，就是制造装它的容器都不容易。人们很明白，没有高温超导材料，超导性能再宝贵也只能望洋兴叹。

一个世纪过去了，世界各地的许多科学家们进行着不懈的努力，他们对各种元素、合金、化合物进行了普遍的勘察。现在，已经找到了几千种各式各样的超导体,实现超导电性的温度也提高了近百倍。已经找到能在液态氮的条件下实现超导的材料。液氮的价格只是液氦的1/30,又很容易制备,这无疑给超导体的应用带来了美好的前景。但是,实现在常温下的超导还是一个梦想,有待以后的努力。

电 磁 炮

1980年的一天,一声刺耳的声音冲破安科峡谷的宁静,一颗炮弹以10千米/秒超过逃脱地球引力的速度,呼啸而过直奔目标。

这是美国五角大楼在山谷里进行秘密实验的一种新式武器——电磁炮。通电导体在磁场中受到力的作用,在上中学的时候,物理老师都做过这个实验。大家的感觉是作用力非常小,以至这个实验有时很难完成,所以很少有人想到用这种力量来放炮。

19世纪时,荷兰的物理学家、诺贝尔奖金获得者洛伦兹设想过设计一种用电磁力发射炮弹的大炮。但是他并没有真正去做。1845年,在洛伦兹出生之前,有人实现过类似的设想。那时只把一根金属棒用电磁力射出了20米远。到了20世纪的1901年,挪威奥斯陆大学物理教授伯克兰对电磁炮产生了兴趣,他造出了第一门可以叫做电磁炮的装置。他把一枚500克的弹体加速到每秒50米。如今一个长10米、直径65毫米的电磁炮还陈列在挪威技术博物馆中,它的最好成绩是把一个10千克重的弹体射至100米左右远的地方。

自从我们的祖先发明火药以后,就一直使用火药来发射炮弹。常规的火炮,炮弹的最大速度与火药的特性及炮筒的质量有关,一般是每秒2000米。为了加大炮弹的速度,就要努力延长炮筒的长度,多填装炸药,但是这些都是有限度的。所以在过去的一些科幻小说里,坐着炮弹到月球去旅行只是幻想,在有了电磁炮以后就成为能实现的理想了。

电磁炮从理论上可以使炮弹的最终速度接近光速。具有这种速度的炮弹一旦研制成功，发射卫星就不必使用火箭了。想一想发射火箭时可能出现的风险、火箭燃料对于大气的污染情况，研究电磁炮的重要意义就可想而知。

发射一次电磁炮和火炮相比，所需能量小得多，也许只需要一座教学楼一天的用电量。计算表明，用电磁炮发射一个1000吨的宇宙飞船，让它逃离太阳的引力，速度达到每秒11.2千米，所需要的能量仅相当于一个发电站1～2分钟发出的电能。比现在的方法不知要节省多少倍。

一个困难的问题是，发射时要求的功率很大。也就是说必须在一瞬间把这些能量释放出来。在发射电磁炮的时候，大约需要上百万安培的电流，输出百万千瓦的功率。

所以，技术上最困难的是如何在一瞬间产生上百万安培的强大电流。这是电磁炮研究的焦点。

地磁场发电

1831年10月17日，在法拉第的日记上记下了人类史上的一个极重要的发现——电磁感应定律。

一根导线只要在磁场中做切割磁力线的运动就会发出电来。地球是一个大磁体，在地磁场中运动的导线会不会也能发电呢？

答案是肯定的。但是由于地磁场太微弱，所以感生电流很小，以至于感觉不到。有的海鱼游动时能感知地磁场感生的电流，依靠这些确定洄游的方向。

1992年7月31日，美国“阿特兰蒂斯”号航天飞机升空后的第四天(8月4日)，他们从航天飞机上向太空施放了一颗卫星。这颗卫星像风筝一样，被一根长长的细绳拴着，在太空中飘游。这是人类首次利用这颗系绳卫星在太空中进行系绳动力学的试验，并实现人类在太空发电的梦想。

这颗卫星用一根长 20 千米、直径仅为 2.5 毫米、导电的细长系绳拴住。这根细长的系绳内芯是铜纤维制成的，外面裹有绝缘层。绳的抗拉强度为 172 千克，每千米长仅重 8.2 千克。系绳的另一端固定在航天飞机货舱内一个铰接式塔架的收放机构上。

据研究，每 1000 米长的系绳可产生 200 伏左右的电压。20 千米长的系绳可产生 3.2 千伏电压、3 安培电流、8 千瓦的功率。如果系绳为 50 千米长，则可产生 7.4 千伏电压、5 安培电流、33 千瓦的功率。采用这种方法产生的电力，要比目前航天器上普遍使用的太阳能电池板来的简单便宜。

导线在切割磁力线时，在导线中会产生感生电动势。必须将这一导线构成一个闭合电路，电路中才会出现感生电流。怎样才能构成闭合电路呢？在航天飞机上的接收机构上装一个电子枪再把这些电子发射回太空的电离层，这样就形成一个闭合电路，系绳中就不断有电流流过。如果在系绳的下端和电子枪之间接上负载，所产生的电力就可以点灯、供舱内的用电器使用。电流的大小可由电子枪发射电子的多少来控制。

按照原计划，在太空中航天员需花 5.5 小时把系绳卫星放到离航天飞机 20 千米的高度，接着进行 10.5 小时的科学活动（包括发电试验），再用 17 小时回收这颗卫星。

然而，试验的过程并不像预想的那样顺利。第一次施放卫星时，就因一根供电电缆被缠住而受挫。第二次施放时，又因卫星在塔架前后剧烈晃动而作罢。最后，航天员终于把它施放出去了，当系绳放出 250 米远时，又被卡住不动了，系绳既放不出去又收不回来，使卫星处于极端的危险之中。

在这样的情况下，唯一的办法是终止此项试验。于是，航天员想方设法稍稍降低塔架高度，终于解开了缠绕在一起的电缆，把卫星收回到航天飞机上，并于 8 月 6 日上午安全返回地面。

尽管试验未能完成预定的任务，但系绳放出 250 米时，在系绳上已产生了 40 伏的电压，至少可以证明利用系绳卫星发电是可能的。

近代物理

古楼兰女尸年龄之谜

在新疆乌鲁木齐自然博物馆展厅里有十几具古尸展出。新疆地处干旱荒漠地区，尸体便于保存，所以新疆的古尸很有名。最吸引人的是那具在罗布泊西部楼兰遗址中发现的女尸。这位青年女子仰面平卧，全身裹着十分粗糙的平纹毛布。她头戴尖顶毡帽，脚穿翻毛皮制鞋，大眼睛、高鼻梁，金色的长发散披肩上，面孔十分俊秀。

关于这具古尸的年代的确定，有过一场有趣的争论。一开始物理学家确定这具女尸已有6000年的历史了。这立即引起历史学家的怀疑。他们认为古楼兰国的历史记载没有这么长，6000年前也不可能有毛织物、皮制鞋和其他的那些随葬品！历史学家认为楼兰女尸不会超过3000年。

物理学家怎么能知道古尸的年代呢？原来，物理学家利用一种特殊的时钟——放射性碳14时钟。它是考古上应用最广泛的一种测定年代的方法。最早读懂这时钟的人是利比，他在1949年公布第一批用碳14确定的年代数据，轰动了整个考古学界和地质学界。

原来，在地球周围存在宇宙射线，宇宙射线是来自宇宙空间的高速粒子流。粒子的能量很高，同地球大气发生作用产生中子，中子再同大气中普通氮发生核反应，产生放射性同位素碳14，它的质子数和普通碳的一样为6个，但是多两个中子，加起来是14。原子是由原子核和电子组成的，原子核又是由质子和中子组成的。同一种元素的原子核具有相等的质子数，质子带有正电，质子数决定了元素的性质。但是科学家发现质子数相同的元素的中子数却不一定相等。我们把这种质子数相同而中子数不同的元素称为同位素。也就是说它们位于元素周期表的同一个位置上，化学性质相同，但是原子核里的中子数不同。

碳14与氧结合形成CO_2（二氧化碳）混入大气中，通过光合作用被植物吸收成为养料。由于动物都直接或间接地依赖植物生存，最终所有生物体内都含有碳14。生物在死亡之前身体中碳14的浓度与当时大气中的碳14浓度保持着平衡。所谓平衡是指碳12和碳14的比例同自然界中两种碳的比例是一致的。生物体内大量的是碳12，碳14很少，在活植物里碳14和碳12数量的比值为10^{-12}。在动植物死亡以后，由于它们的生命结束了，就终止了与外界的物质交换，放射性碳14便不再有补充。体内保存下来的碳12很稳定，不会发生变化，而碳14却要不停地放出射线，变为非放射性的普通氮（原子量14），其半衰期为5700年。不同的放射性同位素衰变率不同，一半原子衰变完毕所需要的时间叫做这种原子的半衰期。假如一种原子的半衰期是一年，那么到一年底，1000个原子就剩下500个，在第二年底只剩下250个。因此只要测出标本中碳14减少的程度，就可以推算出死亡的年代。利用这种办法就可以测定古生物的年代。

古楼兰女尸就是利用上述方法来确定其年代的。是不是物理学家搞错了？物理定律是经过无数实验检验过的，不会有错。

进一步的研究发现，原来是取样的问题。为了保持古尸的完整，第一次是取她的棺木测定的，古楼兰的气候干燥，树木放倒后千年不朽。制作棺材所用的木板是陈年老木。所以年代提前了。

而第二次为了核校，是取女尸身上的毛布测定的。提供羊毛的羊的年代应该与少女死亡的年代相近。

中国社会科学院考古研究所实验室对古尸重新进行测定，确认为2185年左右，和历史的记载吻合。

大自然中还存在许多放射性时钟。例如火山爆发形成的岩石，岩石中有少量铀包藏在里面，铀是一种放射性元素，它将稳定地衰变，而衰变形成的铅会沉积在原来的地点。岩石凝固以后时间愈长，沉积的铅相对于剩下的铀的数量愈多，其岩石的年代越久。

雨水里含有氢的同位素氚，氚是大气在宇宙射线的作用下形成的。氚能衰变，所以测定水中氚的含量就能知道是多久以前的雨水。有趣的是，用这种办法能确定陈年老酒的年代，含氚少的葡萄酒肯定是老酒，实际记载正好符合。

好的辐射

提起辐射就令人生畏，辐射可以引起放射病。但是，世界上没有绝对好的东西和绝对坏的东西。下面让我们来讲讲辐射有益的方面。

我国古代也有一种石制的盛水器具，可以保持水的新鲜。研究表明这种石制的器具有微量的放射性，所以才能保持水的新鲜。

江河被污染的危险也是大家都担忧的。可是印度的恒河，不仅水源丰富，还总是那么清洁。远涉重洋的海轮都喜欢贮存恒河水，因为它能长时间保持新鲜而不腐。恒河被誉为世界上最清洁的河流之一。传说观世音菩萨在恒河边洗过她的净水瓶，所以恒河水就变得一直清洁干净了。科学家们经过一系列的调查研究后才弄清楚，原来，使恒河水自洁的主要原因是恒河的河床有放射性矿化物铋214，它是由铀238衰变而成的。铋214具有强烈的灭菌能力，它能杀灭河水中99%的细菌。有人曾做过实验，在有痢疾和霍乱的培养液中加入恒河水，几天后发现细菌全部死了。另外，恒河水中含有重金属化合物和一种恒河特有的“噬菌体”，也抑制了细菌的繁殖。

水果采摘后，保鲜是很困难的，由于果实所携带的细菌、真菌、寄生昆虫作祟，自然保鲜的时间很短，会很快烂掉。草莓自然贮藏的商品期只有3～6天。

全球收获的粮食由于受害虫、微生物危害，每年损失20%左右。尽管已经广泛地应用了化学熏蒸贮藏技术，我国近年来粮食的损失率仍有约18%。

但是现在不论春夏秋冬，水果店里总有一些引人注目的鲜水果，有的还是漂洋过海来到中国，美国的草莓、东南亚的芒果、南美洲的香蕉……它们依然如此靓丽，就像昨天才收摘的。这其中的奥妙是什么？

这是由于采用了辐射保鲜贮藏法。辐射保鲜贮藏技术，也就是以高能射线对食品进行照射，唯有使用射线辐射，才能把其中的细菌病害彻底灭绝。辐射，还能抑制根茎类作物的成熟发芽，这就使得那些需长期保存待来年作种子的薯类、洋葱、大蒜等，久藏而不坏。

多年的研究证明辐射食品是安全的。宇航员上天的食品都是经过辐射保鲜的。联合国为此成立了国际辐射保鲜食品研究计划署进行推广。

辐射化学方法可以成功地用来合成具有可贵特性的新化合物及提高已有制品的质量。如果用快速电子或伽马射线照射普通的聚乙烯，其耐热性提高100～150摄氏度，坚固性得到加强，绝缘性也得到改善。

在播种前经过辐射的农作物种子将会带来从未有过的丰产。我国把植物种子通过搭载可回收卫星送到太空中进行辐射，得到可喜的成果，比通常的产量提高很多，结的柿子椒一个就半斤多重。

辐射同样给畜牧业带来了令人愉快的和意想不到的礼物。生物遗传学家利用辐射培育出毛皮珍贵的野兽，它们的毛具有最惊人的颜色。

放射性辐射可以用来保护周围环境，如带有电子加速器的工业实验装置用于辐射净化污水。“处理”污水沉积物的加速电子束不仅使废料得到消毒，而且还能把它变为农业肥料。

X 光透视的新生

伦琴发现了X射线，为人类带来了福音，特别是在征服肺病上立下了汗马功劳。不过，现在大夫在诊断疾病时，常常让病人去做一个CT检查。CT是什么？其实CT还是X射线检查。

老式的X射线检查在诊断疾病时有些缺点，原因是人体是立体的。照在一张平面的底片上，影像互相重叠，前面的影子挡住后面的影子，没有立体感，分不清楚毛病到底出在哪里。这件事情引起了美国物理学家科马克的思考。科马克出生在南非，1955年他在一家医院监督放射科的工作。他不是医生，但是按照南非的法律，医院在进行放射性治疗的时候必须有物理学家的监督。科马克很快就对癌症的诊断和治疗发生了兴趣，他也发现了X射线在诊断上的缺点。由此萌发了一个要改进放射治疗的念头。

许多软组织对于X射线是透明的，但是不同的器官、组织的密度不同。X射线透过这些密度不同的组织后，强度就会变化，反映在荧光屏或胶片上会出现浓淡不同的阴影。例如，水的密度就和肌肉的密度不同，体内发生了某些病变后，如炎症和肿瘤，它们的密度和正常的部分不同。但是这些阴影会重叠在一起。

怎样才能区别出重叠的影子来呢？

假如一个人躲在大树后面，你如何找到他呢？这件事连3岁的孩子也会，只要转到树的侧面就会看到。实际上CT的原理就是这样简单。1917年，奥地利的数学家雷杜就曾提出一种方法：对一个立体物只要从前后、上下、左右、深浅几个角度表现，就可以充分地表现它的立体特征。

过去的X射线透视两个器官重叠时，影子重合在一起就分不开，如果把X射线源转一个方向看，两个影子就会分开。所以，利用X射线源从不同的角度来照射，就可以解决影子重叠的问题，可以看到不同器官的影子。

这就是X射线断层扫描仪(简称CT)的基本原理。这个道理任何人都能明白,但是在技术上很难实现。

1956年,科马克首先研究各种物质对于X射线吸收量的数学公式,以便从影子反过来推断物质的性质。他开始用铝和木头制成圆柱体做实验,然后逐渐过渡到人体模型。他经过十几年的研究初步形成了一套理论体系。但这些基本上是属于业余爱好,他没有想到因此而获得诺贝尔奖金。

科马克并没有把这件事进行到底,因为在计算机技术不甚发达的当时,把这个思想付诸实施有一定的困难。

最后制成CT扫描仪的人是英国的豪斯菲尔德。豪斯菲尔德是一名计算机专家,1918年出生在英国的农村,从小就喜欢动手,13岁的时候就用一些零件制成一台电唱机,15岁时制成了一台收音机。1969年底他开始着手研究第一台CT样机,他把接收器得到的信号输入到计算机中存储起来,然后进行分析和计算,最后显示出一张张清晰可见的反映人体内部各个断层的图像,比一般的X线片的分辨能力要高100倍,就是直径只有几个毫米的肿瘤也可以看见。1970年10月完成。由于当时的计算机很不完善,处理第一个断层整整用了两天的时间才处理完,这太慢了,不实用,后来改用了更好的计算机系统,这个问题才得到解决。1972年豪斯菲尔德制成了第一台CT机,引起广泛的注意,CT扫描技术很快得到世界的公认。

当我们去做CT检查的时候,会看到一台乳白色的大型机器,中间有一个舒适的检查床,当病人躺在床上后,检查床会自动地把病人送进一个圆洞里。当检查头部的时候,X射线管在患者的头部旋转,在头的下方放置接收器,一束束的X射线,横切地射向人体,射进人体后一部分射线被人体吸收,另一部分透过人体被人体下面的X射线接收器接收。由于人体的正常组织和器官与病变部分对X射线的吸收和透射的程度不同,接收器接到的信息就不同。当被检者的身体旋转时,X射线就从各个角度、各个方向来进行投影,投影的角度越多,关于人体的信息就得到的越多。最后就会摄好一张或数张X射线底片,上面清晰地呈现出人体的组织。

1979年，豪斯菲尔德和科马克共同获得诺贝尔生理学及医学奖。他们两个人都不是学医学的，而且学历上没有读到博士。他们都没有想到自己会获得诺贝尔奖。因为他们不是为获奖而工作，他们的功绩人类永远不会忘记。有人说，没有CT扫描仪，现代的神经内科和神经外科根本就无法工作。

这里提醒大家，CT仍然用的是X射线，用多了对人体还是有损害的。

影像诊断技术的“老大”

跟磁共振比CT只能数老二，因为CT是X射线透视的改进，利用磁共振进行检查，没有X射线辐射的副作用，在X射线中骨骼对射线的干扰问题很大，空气和骨骼会对图像造成伪影。磁共振则可以避免此类问题。这种方法已经成为检验和诊断脑、肝、肾、心脏、神经等疾病的最新最安全的方法。它可以提供人体任意部位、任意方向的断层图像，真可谓是影像诊断技术某些领域中的“大哥大”。

磁共振是高新技术，原理深奥，但是也可以用下列小实验打个比方：

假如我们有一组频率不同的音叉，它们的外形基本是一样，如何找到其中某一个频率的音叉呢？

一个简单的办法是利用共振的原理。利用一个标准频率音叉，敲击它发出声音，然后用手捏住停止发音，听一听有没有一个音叉因为共振也在响，如果有，就是要寻找的频率相同的音叉。

完成磁共振成像有三个步骤：1.把人体放入磁场，使人体磁化；2.发射合适频率的无线电波，使人体内磁化的氢质子产生共振；3.关闭无线电波，人体发出的共振信号被采集，用计算机处理产生图像。

简单说，是用无线电波发出能量，使人体共振，收集共振产生的信号来了解人体内部情况。但是这种振动不是机械振动。

人体有磁性。说到人体的磁性，有人会把磁性和铁物质联系在一起，但是人体中含的铁物质不多，体内全部的铁只够做两枚铁钉的。其实，运动的电荷（电流）会产生磁场，人体由原子组成，原子由原子核和电子组成。例如，原子核内的质子带正电，质子可围绕一个轴进行自转，质子便像一个小磁体有南北极。所以原子核旋转也能产生磁性。在平常的情况下这些小磁体的取向混乱互相抵消，并不显示出磁性，感觉不到这个磁场。从宏观上看，人体总磁化量为零，不显磁性。为了区别于外磁场，把人体内的磁场称为内磁场。

做磁共振要把人体置于强大的外磁场中，这时人体内的磁场才会有不同的表现，从而达到诊断疾病的目的。人体置于外磁场下，可以理解为把一个小磁针放在一个大磁体附近。小磁体受到大磁体的磁场作用，其南北极的方向可以有和大磁体的南北极顺向也可以反向两种状态，但是反向是很不稳定的，稍有“风吹草动”，小磁体的方向就会掉过来。可以认为这是两种能量状态。其轴与外磁场反向的原子核处于高能态，具有反平行取向。原子核在吸收能量时，能从低能态变到高能态，放出能量时则从高能态变成低能态。

当人体放入磁场被磁化后，在周围有一组线圈沿着外磁场垂直方向发射一定波长的无线电波，学名叫射频，改变射频的频率，发现在某一段频率内，人体的质子能吸收射频的能量，从低能量级跃升到高能量级，呈反向取向，即产生磁共振现象，这个频率称为拉莫尔频率。

当射频中止发射，这些质子又从高能量级恢复到低能量级，把吸收的能量释放给周围，此时在环绕人体的感应线圈产生感应电流，好像电视接收天线，所接收到的感应电流振荡频率与施加上的磁共振频率相同，这种电流也就称为磁共振信号。想一想这和音叉的共振实验是不是很类似。向人体发射的射频电波相当于声源发出的声音，引起音叉的共振，立即关闭声源，便可以听到音叉共振的声音。接收到的这些发射信号通过计算机的处理可以产生人体组织的图像。

目前来说，氢质子的主要同位素是最常用的成像原子核。因为质子在身体的各个部位都存在并具有很大的磁矩。在磁场强度一定时，质子的运动要比磷原子核的快 2.5 倍。

人体病变的部分氢质子含量与正常组织不同，这是因为肿瘤的出现会引起体内化学不平衡，信号也就不同，所以磁共振扫描能更好地探测到疾病产生的征兆。

从冰透镜说到γ刀

我的一位同事通过磁共振发现脑子里有一个肿瘤，大家都很为他担心。他自己也有些紧张，后来有一周的时间没有来上班，听说去做手术了。一周后，他来上班并照常为学生上课。我们很惊奇，听他说，他是用γ刀除去了脑子里的肿瘤。我们看了看他的头部，几乎没有什么变化。他说只是头上固定γ刀时对头皮有一点损害，现在完全好了。γ刀治疗到底是怎么回事呢？

伽马（gā mǎ）射线（γ射线）是一种放射线。把放射性物质放到磁场中进行研究，发现放射线是由三种独立的射线组成的。一种是带正电的甲种射线（α射线），另一种是带负电的乙种射线（β射线），还有一种是不带电的丙种射线也叫伽马射线（γ射线），这些射线都是高速运动的粒子流。甲种射线是小粒子流，它以 20000 千米/秒的速度从放射性元素中射出来。乙种射线是高速的电子流，它的速度可达每秒 20 多万千米。丙种射线是光子，光子不带电，它以光速（真空中每秒 30 万千米）运动。放射线可以杀死癌细胞，但是也会杀死人体的正常细胞。能不能想一个办法，只让放射线杀死癌细胞，不杀死健康的细胞呢？这就是γ刀的设计思想。

为了说明白，先让我们来研究一下冰透镜。我国自古以来就有用冰制造透镜的记载。1600 多年前晋代学者张华在《博物志》中写道："削冰命圆，举以向日，以艾承其影，则得火。”艾指的是引火物——艾绒。冰在高温下是会融化的，怎么又能取火呢？

原来，光线在分散通过冰透镜时不会使冰的温度升高很多，但是集中起来能量就大了，可以点燃艾绒。γ刀就是把这个简单的道理应用到治疗脑癌症上，称为立体定向放射外科系统。瑞典医生莱克赛尔首先使用X射线治疗机和立体治疗仪共同治疗癌症。20世纪80年代产生的第三代所谓的γ刀是如何将伽马射线聚焦的呢？方法很巧妙，治疗仪利用201个钴60放射源按半环排成5行形成一个半球形的头盔。射线透过准直器聚焦在病灶上。每束放射线都不会损坏脑组织，但是，201束集中起来，就可以消灭肿瘤。射线的立体定位通过计算机控制，误差不超过1毫米。γ刀可治疗头颅内的血管畸形、头颅内的重要器官的肿瘤，例如：视神经、听神经、脑干、脑垂体等的小肿瘤。

戒指上的灰尘

灰尘是任何人也躲不过的东西，指甲是尘土最容易藏身的地方。指甲缝里的污垢常常会告诉我们他的职业：在糖果点心制造工人的指甲缝里可以发现糖，在镶玻璃工人的指甲缝里可以发现油灰，在制花炮工人的指甲缝里可以发现硝石和硫，在贩毒者的指甲缝里则可以发现可卡因。耳朵眼儿里、头发里，以及衣服缝、鞋缝里都可以发现对破案有价值的尘垢。福尔摩斯就十分重视收集灰尘来证明谁是罪犯。

现在刑侦人员已经不只是凭着肉眼的观察来鉴别灰尘了，因为在他们的武器库里已经有了大批最先进的仪器，例如利用中子活化分析仪，可以查出含量在0.0000000001(1×10^{-10})至0.0000001(1×10^{-7})克以下的毒物。

历史上传说瑞典国王埃里克十四是在1577年被放在菜汤里的汞盐毒死的。刑事侦查学家利用中子活性分析法，果然在国王的遗骸里找到了汞盐的痕迹。从而证实了这个说法。

中子活化分析仪是一种非常昂贵的仪器，它使用了一个原子反应堆。在原子反应堆里进行核反应产生中子，当中子轰击被测试的样品时，能使样品产生放射性，从而产生伽马射线。不同物质产生的伽马射线能量不同，测定特征伽马射线，相当于人的指纹，被称为“核指纹”，能鉴定出含有什么元素、含量多少。利用这种装置可以对物品的化学结构式进行识别。被测的样品哪怕只含某种物质的少数，一些原子就可以测出来，所以用于分析的量很少，比光谱技术精确100倍，也就是说只要有一粒灰尘就可以测出成分来。

有一个19岁的姑娘娜达被杀害在公园里，侦查中发现死者手上的一只金戒指被摘走，戒指上镶着一枚有肯尼迪像的金币。

几个月以后，在附近抓住一个抢劫无人售货商店的罪犯，名叫尤里。搜查他的屋子时发现了一只金戒指，上面也镶有一枚带肯尼迪像的金币，和娜达的戒指一样。但是，这只能使尤里成为一个嫌疑犯，因为世界上相同的东西很多。

侦查员只好请灰尘来帮忙，因为这枚戒指上带有微量的尘土，通过分析证明了它的成分和娜达被害地方的土壤成分相同。而且，它的化学成分和死者住所窗台上取来的土样的化学成分有相同之处。他们还请了一位著名的矿物学家进行鉴定。专家指出发生凶杀案的公园里的土壤成分在全区里是独一无二的，因此可以证明戒指确实是被害者的。

反恐怖的利器

春天，当阳光暖洋洋地照着大地时，在田野的田埂上方，在房顶的瓦片上，我们会看到飘浮不定的光影；冬天当阳光透过玻璃窗照进屋子里时，在暖气片上也会看到。

空气本来是透明的,为什么能照出影子呢?你也可以在黑屋子里做这样一个实验:在一面白墙前面点燃一支蜡烛,然后用手电筒的光把蜡烛投射到墙上,在蜡烛的上方你能看到晃动的光影。这是由于你看到了空气的影子。被烤暖了不断上升的空气,密度与周围的冷空气不同,对光的折射率也就不同。当光线通过它们的时候,会发生折射或散射。这样本来透明的东西便被看到。

如今,这个原理被用到反恐怖上。先让我们讲一件恐怖分子制造的一场空难。1988 年 12 月 21 日,泛美航空公司 103 航班机在苏格兰洛克比上空爆炸。飞机残片夹着 270 人的血肉像雨一样喷洒在 845 平方千米的范围内,惨不忍睹。它也给一向宁静的洛克比小镇带来一场突发的灾难。

调查人员确定,一颗炸弹被安放在飞机前舱的第 14L 号行李柜,随后又确定炸弹藏在一个古铜色的行李箱内,是在德国法兰克福飞机场由一个黎巴嫩裔美国人卡立德嘉法把炸弹带到飞机上的。他是被人利用的,他并不知道自己的行李箱里有炸弹,自己把自己送上了死亡之路。

这场爆炸事件引起了一场旷日持久的国际争端。美、英在调查中认为这桩爆炸事件与利比亚有关。嫌疑犯在利比亚受到卡扎菲的庇护。美国为此对利比亚实行严厉的制裁措施。直到后来卡扎菲才同意交出嫌疑犯。

上飞机时行李是经过 X 射线扫描的,但是并没被发现。因为,爆炸使用的是塑料炸弹。塑料炸弹是一种氮氧化合物,可以做成任何形状,它的爆炸力比普通的黄色炸药强 1/3。塑料炸弹的引爆装置比铅笔上的橡皮头还小。罪犯把塑料炸弹隐藏在行李的金属物后面。原来的 X 射线检查设备对于塑料炸弹的检查无能为力,必须研制出一种新的检查方法。

塑料等物质在 X 射线扫描下是呈透明的,所以看不出来。其实透明的东西也不是绝对看不见的。塑料炸弹或毒品,在 X 射线扫描下虽然是透明的,但是,由于它的密度反常,所以能把部分 X 射线向各个方向散射出去,正如我们开始做的实验。关键问题是如何收集散射的 X 光。

原来的扫描仪,探测器放在 X 射线源的对面,所以只能收集直线射来的X射线。而散射的X射线是向四面八方的，为了改进原来的X射线扫描仪，技术人员用960个组成阵列的探测器，收集并测量各个方向的散射射线，通过计算机的处理，使工作人员能在荧光屏上看清塑料炸弹的位置。就是把塑料炸弹藏在金属物的后面也能探测到，金属不会把X射线全部挡住，总能透过一些，只要有一点点X射线穿透过塑料炸弹或毒品，该系统就能测到散射的X光。

目前，许多机场已安装了这种先进的X光扫描仪。这是一种高技术产品，但是它的原理是一个简单的物理现象。

反 物 质

反物质一直只是科幻小说中的故事题材，火箭只需携带几毫克的反物质就可以遨游太空。作为火箭燃料，百分之一克的反氢物质和氢所产生的推力就相当于120吨由液态氢和液态氧组成的传统燃料。

1928年，杰出的英国物理学家狄拉克创立了一个描写单个电子的方程——狄拉克方程。在求解这个方程时遇到了严重的困难，那就是该方程有两个能量解。一个是正能解，另一个是负能解。能量总是正的，怎么可能是负的呢？因为这些负能态在物理上是无法解释的，所以人们说这个方程遇到了“负能困难”。

但是，狄拉克方程在解决其他问题上很成功。为了克服这一困难，狄拉克抛开旧有观念的束缚，不同寻常地提出了带正电荷的电子——正电子。人们已知的电子是带负电，正电子和普通的带负电的电了是一对相反的物质。1932年美国物理学家安德孙果然在宇宙射线中发现了正电子，从而证实了狄拉克卓越的科学预见。这是物理学家首次发现反粒子。由于狄拉克对物理学的重大贡献，于1933年获得诺贝尔奖金。

1959年，我国物理学家王淦昌教授，在10吉电子伏的加速器上，获得超子的反粒子。物质由原子组成，原子由原子核和电子组成，而原子核又是由质子和中子组成。质子、中子和电子等等，目前统称为粒子（过去也叫“基本粒子”）。实际上，对应每种粒子都有反粒子。那么，既然有反粒子，它们能否组成反物质、反地球、反宇宙呢？

狄拉克主张宇宙是对称的：应当有一半是物质，一半是反物质。这个结论十分惊人。假设宇宙中存在一个和我们现在的世界相反的世界，由反物质组成的世界。你可以在那里找到一个和自己相反的人。当然，你不能和他握手，因为正反物质一旦相遇就会湮灭，发出巨大的能量。

但是，大量观测不支持狄拉克关于在宇宙间物质和反物质各占一半的假设。有人认为，在120亿年前，即宇宙之初大爆炸发生的几秒之后，充斥于太空间的物质与反物质大致相等。但出于某种原因，反物质从宇宙中消失得无影无踪，如有的话也只有物理学家在高速回旋粒子加速器中以人工方法合成的反物质而已。1995年9月，欧洲粒子物理研究中心宣布成功合成首枚反原子：合成最简单的反原子——反氢。

反物质制造出来了，如何把反物质装在容器里保存和运输也是一个难题。因为必须防止容器里的反质子与普通物质的任何原子相接触。打一个比方，假如我们进入一个房间，不想和任何人相遇，最简单的办法是，这间屋子里没有一个人，如果又不与墙壁或地面接触，就只好悬空进入，而且不要乱跑。装反物质的容器的基本设想也是这样。1936年荷兰科学家彭宁设计了彭宁收集器，它利用一个装有液态氦的腔室，低温则使电子“冷静”到几乎不动。还要尽最大的力量把几乎所有空气都从其中空部分抽出来避免正反物质相遇，腔内还要用线圈加上电流产生强大的磁场把电子挤压到沿收集器中心轴的空间，远离容器壁。所以彭宁收集器是利用电磁场限制和挤压其中的粒子，而不是利用坚固的墙壁。

1993年在日内瓦附近的欧洲核子研究中心制作的收集器已成功地贮存了721000个反质子。宾夕法尼亚州的史密斯博士小组现在正在研究一个能装100亿个反质子的便携式收集器。尽管100亿数字很大，但相对于构成物质的原子数目来说，这还是一个极小的数字。所以，用反物质为飞往星际的航天器提供动力还是一个遥远的事情。科学家布罗德斯基说：“燃烧反物质燃料的火箭发动机仍将处于科幻范畴。”

云雾的启示

我们常说，“我们处在原子时代”。在你的脑子里是不是闪过这样的问题：“电子、原子那么小，是如何看见的呢？”

到现在为止，我们用电子显微镜能看到某些原子，但是电子还是看不见。那么，20世纪初的科学家是如何研究原子世界的呢？

确实，这个问题在原子核物理学发展早期，是科学家们遇到的一个大难题。用肉眼观察原子核的反应极为困难，因为参加核反应的粒子很小，核反应持续的时间又非常短，谁也没法看到它。这一难题一直困惑着科学家。

第一个解决这个问题的是英国的物理学家威尔逊。他发明了云雾室，当有电子穿过云雾室的时候，用肉眼就能看到它的踪迹。后来以他的名字命名叫“威尔逊云雾室”。

威尔逊的发明得力于大自然的启示。威尔逊出生在苏格兰的农村，从小喜欢登山，山顶云雾的变幻深深地吸引着他。他常常思考为什么高山顶上会经常云雾缭绕。有人告诉他，那是因为高山上冷，在这种温度下，水蒸气遇到小的尘埃作为凝结核便凝结为水滴，形成了雾。

1888年，威尔逊进入英国剑桥大学，后来成为剑桥大学的研究生。一天，他的老师汤姆生向他提出需要一种能观测电子踪迹的仪器。威尔逊把老师的话记在心里，经常琢磨。

他想到儿时观察的云雾，地面水蒸气受热后，是在热气流的作用下而被推到高空的。上升的过程中，由于高空气压越来越低，水蒸气不断膨胀，气体迅速膨胀时温度便下降,电冰箱的低温就是靠工作物质的急剧膨胀产生的。有人认为,如果没有尘埃就不会产生云雾,但是在威尔逊自己制造的云雾中,空气中完全没有尘埃也会有云雾产生。威尔逊思考:电子虽小,在通过饱和水蒸气云雾的时候也应该造成水滴的凝结,水滴较大,肉眼不就能看到粒子的踪迹吗!为了研究这个问题,威尔逊经常爬到苏格兰最高峰尼维斯峰顶,在那里观察云雾。还带上仪器进行测量。他发现在高空的云雾中有带电离子,从而证实了自己的设想:带电离子能成为水蒸气的凝结中心。但是,云雾是在高山的特殊条件下形成的,能不能在实验室的条件下再现呢?

威尔逊有一双灵巧的手。据说当时剑桥大学没有一个人能做出比他更出色的实验。威尔逊曾经用火焰加热的方法制造云雾,后来他动手制作了一个仪器。这个仪器十分简单,它是一个有窗口的盒子,盒子上有个活塞,当使活塞迅速向下移动的时候,盒子里的空气因体积扩大而冷却,里面充满了饱和水蒸气。突然向下拉动活塞,和高山的情况类似,汽缸里的水蒸气变成过饱和状态。但是由于汽缸里非常干净,没有一粒灰尘,水蒸气不会凝结成水滴。此时,如果有放射性物质放在汽缸的一侧的窗口附近,带电粒子穿过过饱和水蒸气时就会留下痕迹,这个痕迹就是一串小水滴。这就是威尔逊云雾室的构造和原理。威尔逊的发明得益于对大自然的观察。

威尔逊云雾室为原子物理的研究立下了汗马功劳。为此,威尔逊在1927年获得诺贝尔物理学奖。

啤酒中的泡泡

半个世纪以来,原子物理学家都在使用威尔逊云雾室探测粒子踪迹的仪器。但是随着科学的发展,使用云雾室已经感到“力不从心”了。核反应的一些细致过程常常被遗漏掉。原因是云雾室里面装的是气体,气体分子之间的距离较大，一些粒子从两个气体分子之间溜掉了，必须进行进一步的改进。

美国密执安大学的物理教授格拉泽是从事原子物理研究的，他对威尔逊云雾室很不满意，他常思考改进的方法。一天他心事重重地坐在一个咖啡馆里。

咖啡馆里的侍者走来问："教授，您需要点什么？"

格拉泽心不在焉地说："还是一杯啤酒。"

啤酒上来了，格拉泽一动也不动，对着那杯泛着泡沫的啤酒发呆。阳光穿过窗子照在啤酒杯上，新鲜的啤酒里气泡一个接着一个向上冒着。当他把一把汤匙放在啤酒杯里的时候，汤匙上布满了气泡。

格拉泽突然站了起来，大步向外面走去。

"教授！教授！"

这时，格拉泽才想起来还没有付钱。他丢下一个美元就朝实验室走去。

原来，一个新的思想在格拉泽的头脑里诞生了。这就是气泡给他的启发，格拉泽突然意识到，能不能利用气泡来显示粒子的踪迹呢？

威尔逊云雾室使用的是把气体变成液体的过程；而液体里产生气泡则是一个相反的过程，当一壶水要沸腾的时候，里面就会产生气泡。

格拉泽知道，这个过程和气体变成液体的过程类似，需要一个汽化核心。如果没有微小的粒子充当汽化核，也不会变成气体，形成过热液体。核反应中的带电粒子也可以在这种过程中起到一个汽化核心的作用，产生气泡留下痕迹。

格拉泽开始选了一种很容易汽化的物质——乙醚做一个直径只有几英寸的"气泡室"，和威尔逊云雾室类似，里面装有保持在沸点的液体，用微小的膨胀减小液体上方的压力，果然观察到粒子的踪迹。"气泡室"中显现出粒子精细的轨迹。

1952年，世界上的第一个"气泡室"研制成功了。这是在一个耐高压的容器中，装着透明度很高的液态氢。气泡室所能收集到的粒子踪迹的信息要比云雾室高1000倍。1960年，格拉泽获诺贝尔物理学奖。

时光之旅

如果依次发出七个音阶1234567，然后乘超音速飞机去追这一组声波，会听到什么呢？

我们会先追上7这个音阶，依次听到的是7654321。对于光线的传播也可以类推，世界上发生的事情以光速向远处传播，如果乘上超光速的飞船，看到的事情就跟电影倒放一样，我们就会看到过去的事情，看到已经去世的祖先。

科幻电影或小说中描述的时间机器就是根据这样的推理。乘时间机器可以穿梭于过去或未来的情节，向来被认为是“纯幻想”。因为爱因斯坦的相对论赖以生存的一条就是光速不变性。虽然没有任何实验依据，但是许多实验证明了相对论的正确性，所以光速不变性也就是不可动摇的。从光速不变可以推论出：任何物体的运动速度总是小于真空中的光速。所以时间机器是不成立的。

但是，美国物理学家福特和罗曼认为，时光旅行虽然困难到几乎绝无可能的程度，但在理论上是可能的。他们认为爱因斯坦的相对论并没有严格排除快于光速旅行或时光旅行。

打个比方，假如你和一个朋友在一座迷宫里进行追逐，你的跑步速度比他的慢，所以你一直追不上他。但是如果你发现迷宫中的一个洞口，穿过这个洞口，你就可以能超过你的朋友。

福特和罗曼认为，时光旅行须具备两大条件，即“虫洞”和“负面能源”。宇宙间不同的时间和空间通过“虫洞”可以互通。“负面能源”可以抗拒地心引力，用来打开“虫洞”，稳定“时光隧道”。

越来越多的科学家相信，时光旅行不见得违反物理学定律。福特和罗曼的论文说，各种惊人的现象都可能成为事实，包括可以横贯互通宇宙各角落的“虫洞”、比光速还快的弯曲飞行。所以出现载人返回过去的时间机器是可能的。

当然，这些都是“理论上”的可能，实际上，连这两位作者本人都认为要做到这一点实在“太难了”。

许多科学家认为，要精确预测科技的未来发展几乎是不可能的，但历史低估科幻故事的事例很多。相信有朝一日，人类将能够遨游宇宙，纵横古今。

当然，这里存在着一个因果关系。不能回到过去，首先是因果的限制。如果你能回到过去，设法阻止你的爷爷出生你的父亲，那么，你岂不就不能出生了吗？

这种荒谬的逻辑可以这样来避免：我们回到过去看到的只是过去的信息，而不能干预阻挠过去已经发生的事情。“时光旅行”只能观看，不能动手改变过去，就像看电影一样，这就没有逻辑问题。时光旅行将不必把人送来送去，往来于过去和未来，只要传送信息即可。